# 万物由什么组成

## 化学元素的奇妙世界

[英]詹姆斯·罗素 著

江 晶 译

四川科学技术出版社

**图书在版编目（CIP）数据**

万物由什么组成：化学元素的奇妙世界 / (英) 詹姆斯·罗素著；江晶译. -- 成都：四川科学技术出版社, 2020.5（2022.7重印）

书名原文: Elementary

ISBN 978-7-5364-9801-3

Ⅰ.①万… Ⅱ.①詹… ②江… Ⅲ.①化学元素－普及读物 Ⅳ.①O611-49

中国版本图书馆CIP数据核字（2020）第071191号

著作权合同登记图进字21-2020-122号

Original Title:ELEMENTARY

The simplified Chinese translation rights arranged through Rightol Media（本书中文简体版权经由锐拓传媒取得Email:copyright@rightol.com）on behalf of Tempi Irregolari–Italy.

# 万物由什么组成：化学元素的奇妙世界

WANWU YOU SHENME ZUCHENG: HUAXUE YUANSU DE QIMIAO SHIJIE

| | |
|---|---|
| 著　者 | [英]詹姆斯·罗素 |
| 译　者 | 江晶 |

| | |
|---|---|
| 出 品 人 | 程佳月 |
| 责任编辑 | 陈 婷　谢 伟 |
| 封面设计 | 焱 玖 |
| 责任出版 | 欧晓春 |
| 出版发行 | 四川科学技术出版社 |

成都市锦江区三色路238号　邮政编码：610023

官方微博：http://weibo.com/sckjcbs

官方微信公众号：sckjcbs

传真：028-86361756

| | |
|---|---|
| 成品尺寸 | 170mm×240mm |
| 印　张 | 13.5 |
| 字　数 | 270千 |
| 印　刷 | 北京昊鼎佳印印刷科技有限公司 |
| 版　次 | 2020年5月第1版 |
| 印　次 | 2022年7月第3次印刷 |
| 定　价 | 42.00元 |

ISBN 978-7-5364-9801-3

邮购：成都市锦江区三色路238号新华之星A座25层　邮政编码：610023

电话：028-86361758

"化学天才"门捷列夫

　　元素周期表是近两百年来最具变革性的科学发现之一。在19世纪60年代早期，人们信仰原子论，原子论认为元素由原子构成。为了探索和研究这些已知的元素，俄罗斯的天才化学家德米特里·门捷列夫（1834—1907）将这些已知的元素按照一定的规律，排列到一张简单的图表中。就这样，在没有借助任何科学仪器和实验的情况下，仅仅是用了一支笔、一张纸，元素周期表便诞生了。

　　当时，人们已经知道物质是由元素组成的，并且有62种元素被确认存在，构成这些元素的原子有属于自己的质量数。所谓原子质量数，是指中子数和质子数之和。原子由原子核和核外电子组成，原子核又由质子和中子组成，因为核外电子质量非常轻，所以当时在计算原子质量的时候，通常将核外电子质量忽略不计。

　　门捷列夫把这62种元素按照原子质量数排成了一行。然后他意识

到，在这一行里，具有相似性质的元素竟然呈现出一定的周期性。

于是，门捷列夫把这一长行里的化学元素拆分成较短的行，将相似的元素排在同一列的上下位，这就是他提出来的元素周期表的第一个版本。在这一版本中，左起第一列的元素包括锂、钠和钾——这三种元素的共同点是在室温（通常是指20℃左右）下呈固态，容易失去光泽，且和水混合时反应剧烈。

后来，门捷列夫发现，元素的这些相似性质总是间隔一段后再出现。他对元素相似性质的周期性进行总结归纳，提出了"周期定律"，这些相似性质包括电负性、电离能、金属特性和反应活性。

1869年，门捷列夫首次发表了元素周期表。随着研究不断地深入，他偶尔会调整阵列，打破一些元素固有的排列顺序，有时还会在周期表里留出一些空白的位置。比如在原始表格中，砷的位置在第4周期第13族，但门捷列夫认为砷的性质与第15族的元素更相似，就把砷移到了第15族，而把那一排第13族和第14族的位置空了出来。

元素镓和锗的发现证实了元素周期表的伟大，因为这两种元素的性质与砷前面预留的空白位置完美契合。在接下来的150年里，氩、硼、氖、钋、氡等越来越多的元素被发现或者合成，每一种元素都在表格中有一个固定的位置。目前元素周期表中共包含118种元素。

尽管门捷列夫根据元素的性质，对元素周期表进行了简单的重排，但是在他的有生之年，元素周期表仍然是按照相对原子质量排序的。直到1913年，亨利·莫斯利才证明了元素排序的潜在依据不应该是相对原子质量，而是"原子序数"。原子序数等于原子中的质子数，质子带正电荷，所以原子序数等于原子核所带的正电荷数。后来，人们又发现原子核外的电子数与质子数相同，这样就使原子整体不带电。莫斯利的研究结果显示，还有更多的未知元素有待探索，因为重新编排的表格中出现了更多的空白。

现在已经证实，原子序数即质子数决定了元素的种类，但是中子的数目也非常重要。因为中子数的不同，使得同种元素又存在着同位素。举个例子，只有一个质子的原子统称为氢原子，自然界的氢元素又以氕、氘、氚三种同位素的形式存在。最常见的是氕，氕原子中不含中子，氘原子中含有一个中子，氚原子含有两个中子。它们还有可能合成更多的同位素，如果用氘核轰击氚，就可以生成原子中含有一个质子和三个中子的第四种同位素。这种同位素的性质极不稳定，会迅速衰变成一种天然同位素。

门捷列夫的元素周期表可以预测未被发现的物质，这也让化学家们对原子本身有了更深刻的理解。他们意识到，同周期或者同族元素的相似性取决于原子的内部结构。原子中的电子分层排布，每一层能分布的电子数都是有限的，第一层最多只能排布两个电子，第二层和第三层分别最多只能排八个电子。

随着原子序数的增加，核外电子轨道逐渐被电子排满，元素周期表中同一族的元素最外层电子数相同（价数相同）。核外电子的数量和排列决定了原子的化学性质，在化学反应中，原子得失电子并重组形成不同的分子。最外层电子数饱和的元素，如氦、氖和氩等，性质稳定，不太容易与其他物质发生反应；最外层电子数不饱和的元素，化学性质更活泼。

另外需要注意的是，即使是相同数量的电子，如果排布方式不同，也会导致原子之间键合方式的差别。比如，金刚石、无烟煤和石墨，是碳的三种同素异形体，它们都由碳原子构成，但因为原子间的键合方式不同，导致性质截然不同。

目前为止，我们对宇宙的认识，都是以门捷列夫的元素周期表为基础的。元素周期表如同一把重要的钥匙，带领我们解锁奇妙的微观世界。元素周期表的诞生与发展，都是基于原子论的发展和完善才得以实现的。

原子论在19世纪获得了广泛的认可，它的提出者——约翰·道尔顿作为一名业余科学家，简直就是个天才。他常常是一个反对者，所以被英国的大多数高校拒之门外，之后在盲人哲学家约翰·高夫那里接受了学习。因为经济原因，道尔顿不得不离开激进的曼彻斯特"新学院"，但是他没有放弃实验研究，并在天气预报、气体运动、色盲等领域做出了巨大贡献。

道尔顿一生中最重要的贡献无疑是原子论。在探索元素之间可预测和有规律的结合方式（例如，构建化合物的各种元素的确定比例）的过程中，道尔顿首次提出了"原子量"的概念。1810年，他确定了氢、氧、氮、碳、硫和磷的原子量。

道尔顿的这一发现——每种特定的单个原子的质量都是固定的，为随后几十年的化学发展奠定了基础，并衍生出了门捷列夫的元素周期表。

现在，我们已经对原子论和元素周期表的发展及重要性有了一定的了解，接下来让我们按照原子序数，跟随已知的118种元素进行一次不可思议的化学之旅吧。

# 目录
## Contents

# 最轻的氢

| 1 |
| H |
| 1.008 |
| 氢 |
| hydrogen |

---

原子序数：1　　　　类型：非金属　　　　沸点：-253 ℃（-423 ℉）

颜色：无色　　　　发现时间：1766年　　　熔点：-259 ℃（-434 ℉）

　　氢原子只包含一个质子和一个核外电子。氢是宇宙大爆炸后最早形成的元素之一，且是宇宙中含量最丰富的元素。尽管它一直在无数恒星中燃烧，并核聚变反应形成氦，但它仍然占可探测宇宙质量的75%以上，并在化合物中占有最高的比例。

　　氢气是一种轻质、无色且高度易燃的气体，它常与氧化合成水的形式（水分子是由两个氢原子和一个氧原子构成的），大量存在于地球上。氢原子在水分子间形成的弱键使水具有相对较高的沸点，允许它以液体形式存在于地球的大气层中。大多数物质的固态密度比液态密度更大，但是在低温条件下，水分子中的氢键会断裂，与氧原子形成一种晶格结构的晶体。这种晶格结构中存在很多缝隙，使得冰比水轻，这就是冰山能够漂浮在水面的原因。

只由氢和碳两种元素组成的碳氢化合物，包括化石燃料（例如煤、石油和天然气），是我们生活所需的能源。如果没有氢，我们也无法获得太阳内部持续核聚变而产生的光和热。

16世纪的医学家帕拉切尔苏斯，是第一个观察到金属与强酸混合时会产生易燃气体的人。1671年，罗伯特·波义耳在铁屑与盐酸（一种由氢和氯组成的化合物）混合的实验中，也观察到了同样的现象。在将近一个世纪后的1766年，亨利·卡文迪什意识到这种气体是由一种单独的元素组成的，他当时称其为"燃素气体"。1781年，当发现这种气体燃烧会生成水时，卡文迪什则将与其结合生成水的氧气称为"脱燃素气体"。1783年，著名的法国化学家安东尼·拉瓦锡给氢取了现在的名字，它来自于希腊语"水的制造者"。

### 燃素说的消亡

燃素说，在现代已经消亡。这种学说推断，所有的可燃物体都包含一种类似于火的元素（命名自古希腊语"火焰"），也就是这种学说误导了卡文迪什。燃素说认为，含有燃素的物质在燃烧时会失去燃素，当发现一些金属在燃烧时质量增加而不是减少时，燃素说出现了第一个漏洞。拉瓦锡用密闭容器的可定量实验证明了燃烧需要一种气体（氧气），由此证明了燃素说是错误的。

　　因为氢气非常轻，所以大多数人在空气中没有发现它的单质（总的来说是飘走了，逃离了大气层）。氢气比氧气或氮气轻得多，这也是为什么它是第一种被用来填充气球的气体。氢气也被应用于飞艇，飞艇相当于具有刚性结构的气球。不幸的是，由于1937年载满乘客的"兴登堡号"（LZ 129）飞艇的意外撞击事件，终结了20世纪早期的齐柏林公司的飞艇旅行。

　　美国的国家航空航天局的火箭也使用了氢气，比如通过液态氢气和纯氧的燃烧来发动航天飞机引擎。在交通方面，氢气可以替代化石燃料，成为未来的清洁能源；或者直接以氢气为原料做成燃料电池，其副产物只有水蒸气。

　　虽然使用氢气作为燃料能够给我们带来很多益处，但在实际操作和使用中仍有很多问题需要克服，例如：大量存储这种高度易燃的物质非常危险；从碳氢化合物中提炼氢气的过程，会产生很多温室气体；若通过电解水的方式来产生氢气，电解需要的电力大多会借助化石燃料来获得，可能得不偿失。

　　氢气还有许多其他的用途，比如生产氨肥，合成环己烷、甲醇（甲醇应用于塑料生产和医药）等，以及制造人造黄油、玻璃和硅片等产品。

# 很懒很懒的氦

| 2 |
|---|
| **He** |
| 4.003 |
| 氦 |
| helium |

---

原子序数：2　　　　类型：惰性气体　　　沸点：-269 ℃（-452 ℉）

颜色：无色　　　　发现时间：1895年　　　熔点：-272 ℃（-458 ℉）

　　早期的宇宙中除了氢以外基本上都是氦，尽管氢和氦是两种非常轻的元素，但它们在宇宙中的含量（质量比例）高达98%。

　　氦在地球上并不常见，直到1895年我们才证实了它的存在。作为一种惰性气体元素，氦的反应活性在所有元素中排倒数第二。与氢不同的是，氦没有普遍存在于化合物中。像氢气一样，氦气比空气轻，所以很容易逃离地球大气层。另外，氦是地下天然气的一部分，它通常在放射性元素的衰变过程中形成。比如，钍和铀元素的衰变过程中就会形成氦。

　　氦在太阳中的含量为24%，当太阳内部温度上升至临界温度时，氢核经过核聚变反应形成了氦，这个过程中会产生巨大的能量。对于我们未来的能源需求，这可能是一个用之不竭且更加环保的解决方案，但是，在地球上重建核聚变产生的危害极有可能导致人类灭亡。

我们可以利用分光镜来鉴别元素的种类。不同的元素在燃烧时会产生不同颜色的火焰，火焰发出的光透过分光镜会被分割成一系列彩色线条，而非连续光谱，如同元素的"指纹"。

在1868年的日食期间，两个相距甚远的天文学家——法国的朱尔斯·詹森和英国的诺尔曼·诺克耶，分别在太阳光谱里发现了一些明显的线条，这些线条与任何元素的线条都不匹配。诺克耶认为这是一种未被发现的元素，并以希腊太阳神Helios（赫利俄斯）的名字将其命名为helium（氦）。名字以"-ium"结尾表明他当时误以为这是一种金属，这也让氦成为现在唯一一个名字以"-ium"结尾的非金属元素。

在随后的几十年里，却没有进一步的证据表明氦的存在。直到1895年，化学家威廉·拉姆齐发现一大块铀经过酸处理后释放出了氦气，这才证实了诺克耶最初的发现。氦在岩石内部形成，但是当岩石表面与酸发生反应导致岩石溶解时，氦气就会释放出来。

**米老鼠效应**

潜水员在潜水时一般用的是压缩空气，使用压缩空气潜水的极限深度是60米，超了就会发生氮麻醉。所以，从1919年开始，美国海军便尝试使用含氦的混合气体来解决深海潜水员的氮麻醉问题。但是，吸入氦气的潜水员的噪音会变得尖细，就像是米老鼠在说话。这是由于声波在氦气中的传播速度比在空气中要快。有文献记载，在1925年的一次实验中，潜水员吸入氦气和氧气的混合气体后会发出奇怪的吱吱声，连交流都变得困难。不久，氦的生产和使用变得更为广泛，比如，它常常被用来填充深受孩子们喜欢的派对气球。

氦气的沸点是所有物质中最低的，它可以用来过冷其他物质。过冷是指降低物质温度使其达到凝固点以下而不凝固的过程。氦的用途非常广泛，一些汽车的安全气囊中就含有氦气，这是因为在减压时它会迅速扩散。另外，它还应用于大型强子对撞机，或者核磁共振扫描仪内的超导磁铁中，以及冷却火箭使用的液态氢。

氦的供应是我们切实需要担心的问题。自20世纪90年代美国期货私有化以来，氦的市场价格已大幅下跌。它是一种有限的资源，并且在地球内部的形成非常缓慢。虽然派对气球很有趣，但是用氦气来填充它显然是不太明智的选择，因为气球里的氦气可以逃逸并离开大气层！

# 汽水中的锂

| 3 |
|---|
| **Li** |
| 6.941 |
| 锂 |
| lithium |

---

原子序数：3　　　　类型：碱金属　　　　沸点：1 342 ℃（2 448 °F）

颜色：银白色　　　发现时间：1817年　　熔点：181 ℃（358 °F）

　　科学家们认为，除了氢和氦外，最初在宇宙大爆炸中产生的元素还有少量的金属锂。人类最早发现锂是在1800年，当时有人在透锂长石——一种很像宝石的浅色透明矿石中发现了一种不明金属。直到1817年，化学家约翰·奥古斯特·阿夫埃德森才意识到这种矿石中含有的这种金属是一种未知的元素。因为是在矿石中发现的，他便以希腊语"石头"来命名这种元素。1821年，威廉·托马斯·布兰德通过电解锂的氧化物来分离纯锂。金属锂质地软，呈银白色，是所有金属中最轻的。锂与其他碱金属不同，在室温下与水反应相对较慢。

　　在自然界中，锂是以化合态存在的，因为其性质非常活泼，在空气中可以自燃，所以单质锂必须保存在石蜡或者白凡士林中。锂在自然界中分布广泛，在主要类型的岩浆岩和主要类型的沉积岩中均有不同程度的分布，其中在花岗岩中含量较高。另外，一些矿泉水中也含有锂元素。

## 七喜的配方

很多人都知道可口可乐最开始是含可卡因的，但是你知道七喜的原始配方里有柠檬酸锂吗？柠檬酸锂可以用来治疗情绪波动的疾病。由查尔斯·莱佩尔·格里创立的格豪迪公司，在1920年推出了一款全新的软饮料，取名为"挂标签的锂化青柠味苏打水"，后来改名为"七喜"。在1948年，在饮料中加入锂是违法的。

在2世纪，以弗所的索拉努斯医生，可能是在不知情的情况下，巧合地把锂应用于医疗。当时的情况是这样的，他把当地泉水中提炼出的碱水当作处方药，用来治疗狂躁症和抑郁症。后来人们通过研究发现这些碱水是含锂的。从19世纪起，碳酸锂就被应用于医药研究，并出现了很多成功案例。自20世纪40年代以来，锂被用来治疗双相情感障碍，但是它带来的副作用和潜在毒性仍然存在着很大的争议。

锂与铝和镁可以形成合金，这些合金比普通金属更坚固、更轻，所以被广泛应用于飞机、自行车和火车等制造工业，越轻的材料能够让它们的速度越快。某些锂化合物被用来制造锂离子电池的负极材料，这种电池的使用寿命比大多数普通电池更长。

# 宝石中的铍

<table>
<tr><td>4</td></tr>
<tr><td>**Be**</td></tr>
<tr><td>9.012</td></tr>
<tr><td>铍</td></tr>
<tr><td>beryllium</td></tr>
</table>

原子序数：4　　　类型：碱土金属　　　沸点：2 567 ℃（4 476 ℉）

颜色：银白色　　　发现时间：1798年　　熔点：1 287 ℃（2 349 ℉）

　　在了解铍之前，人们被一种含有该稀有金属的矿物质迷住了。这种矿物质学名为铍铝硅酸盐，可以形成各种美丽的宝石，包括海蓝宝石、金绿柱石和祖母绿。金绿柱石有多种颜色，有些呈现为绿色是因为含有少量的铬或钒。古埃及人、凯尔特人和罗马人都很喜欢绿宝石，在那个时代这种宝石主要产自中欧或印度次大陆，后来在南美和非洲也发现了绿宝石。

**危险的金属**

　　早期的荧光灯中有一层化学物质，这层化学物质含有氧化铍。

不幸的是，铍烟雾有毒，会导致肺部发炎，这种情况称为铍中毒。

20世纪40年代末，美国的一家工厂发生了铍中毒事件，之后荧光灯中涂铍被勒令停止。对曼哈顿计划曾做出显著贡献的核物理学家赫伯特·安德森，与铍中毒症斗争了40年后于1988年去世。

1798年，法国化学家路易斯·尼古拉斯·沃奎林发现一种新金属元素的存在，并命名为glaucinium——取自希腊语glykys（甜的），因为该元素的一些化合物有甜味。之后这种元素便有了流传更广的新名字铍（beryllium）——取自绿宝石（beryl）。

法国和德国的化学家耗费了30年时间，利用钾和铍的氯化物反应来提取其中的铍。铍是钢灰色轻金属，密度很小。铍的硬度比同族金属高，不像钙、锶、钡可以用刀子切割。铍在宇宙中并不常见，它是在宇宙大爆炸后形成的，且无法在恒星的核熔炉中形成，只有在超新星爆发时才能形成。

铍具有特殊的性质。1935年，詹姆斯·查德威克发现铍能够反射中子，同时X射线对它有着很强的穿透能力，因此铍具有广泛的用途。比如，铍箔被应用于X光微影技术，金属铍被用来制造太空望远镜中X射线管的窗口，以及被应用于核弹头内部，在轰炸铀的时候反射中子。铍还被用来制造陀螺仪、电极和弹簧等物品所需的含铜或镍的合金（它让合金的导电性和导热性显著增加）。另外，铍和其他金属的合金还被应用于制造飞机和卫星。

# 硼和 20 只骡子

5
**B**
10.81
硼
boron

---

原子序数：5　　　类型：准金属　　　沸点：3 927 ℃（-452 ℉）
颜色：多种　　　发现时间：1732年　　　熔点：2 076 ℃（3 769 ℉）

　　跟铍一样，几个世纪以来，硼都是以化合物——硼砂（又叫硼酸钠、四硼酸钠或者四硼酸二钠）的形式被发现的。硼砂是一种硼酸盐，白色软晶体，易溶于水。它曾被用作清洁剂、化妆品、阻燃剂、驱虫剂，古代金匠还用它做助熔剂——一种添加到金属中，使金属更容易溶解的物质。硼砂在乔叟的《坎特伯雷故事》中出现过，并且在伊丽莎白时代的英国被制成化妆品，它的原理就是用硼砂和鸡蛋壳、油混合，涂抹在脸上形成白色的膜，这种化妆品在当时风靡一时。

　　在中世纪，硼砂的唯一来源是位于西藏自治区的湖泊的结晶沉积物，它沿着丝绸之路一直被交易到阿拉伯半岛，最终到达欧洲。19世纪，人们在美国加利福尼亚州的Mojave沙漠Clear湖和内华达州西部的干盐湖发现了硼砂，其大量开采改变了硼砂在全世界的供需形势，并得到非常广泛的应用。值得一提的是，太平洋海岸硼砂公司根据其独特的产品运输方式，将品牌名定为"20骡队"（Twenty mule team）。

1732年，法国化学家克劳德·弗朗索瓦·杰弗罗伊发现，如果将硼砂和硫酸混合，然后向混合物中加入酒精点燃，会产生奇怪的绿色火焰。这项实验表明了硼的存在，后来被用作鉴定硼存在的标准方法。

1808年，法国化学家约瑟夫·路易斯·盖·吕萨克、路易斯·雅克·瑟纳德和英国的汉弗莱·戴维爵士，曾尝试加热硼砂后用金属钾来提取硼，只是这种方法得到的不是纯硼。直到1909年，纯硼被美国的E.温特劳布提炼得到，之后硼被证明是一种褐色的无定形固体，并具有许多有用的化学性质。

## 地球上的生命

硼存在于地球上一些最古老的岩石中，其纯物质只存在于陨石中。尽管如此，它对我们的地球生物学仍起着至关重要的作用。硼能稳定核糖，并且硼在DNA的发展中起到了关键作用。如果土壤中没有微量元素硼，植物就无法生长，因为硼对于植物的干细胞来说是必不可少的。

# 生命的火花——碳

| 6 |
|---|
| **C** |
| 12.01 |
| 碳 |
| carbon |

原子序数：6　　发现时间：约公元前3750年　　熔点：在熔化之前升华为气体

类型：非金属　　颜色：无色钻石，黑色石墨　　升华点：3 642 ℃（6 588 ℉）

地球上已知的所有生物都是碳基的，不过这并不排除我们在未来会发现更多特别的生物。碳原子一般是正四价的，这代表它能同时与四个不同的原子结合。碳可以和其他元素化合形成多达2 000万种化合物，这些化合物具有不同长度的碳链。

直到19世纪初，人们都认为所有生物以及像蛋白质、碳水化合物这样的化学物质中含有一种"生命的火花"，将它们区别于无机物。1828年，人们发现，存在于动物尿液中的尿素晶体可以在实验室中合成。

在碳循环中，植物和浮游生物通过光合作用从二氧化碳中获取碳，氧气则作为副产物被释放出来。与此同时，碳、氢和氧三种元素 组合形成碳水化合物。这些碳水化合物与氮、磷及其他元素结合，形成维持生命所需的物质——比如氨基酸和合成DNA所需的碱和糖。无法进行光合作用的人类，必须食用其他植物或动物来获取细胞结构所需要的碳。之后，以呼出二氧化碳的形式或通过细胞死亡后生物的腐烂的形式，使碳重新回到碳循环中。

在我们了解碳的多样化用途之后，会更加深刻地认识到碳元素的重要性。关于碳的纯物质最吸引人的性质之一，就是它的同素异形体之间差异很大。其实早在6世纪前的古埃及时代，人们就发现了碳在自然界中存在两种同素异形体：金刚石和石墨。令人疑惑的是，金刚石透明坚硬，而石墨呈黑色且质地柔软，它们怎么会是由同种元素构成的呢？

答案是，这些同素异形体之间最本质的区别是碳原子的排列方式不同。很多固体中的原子之间是按照"晶格"——重复的三维构架来排列的。比如，金刚石的原子排列成紧密的四面体结构（四个三角形面的金字塔），石墨的原子则排列成稳定性相对较弱的层状结构。正是这种原子结构排列上的差异，造成了碳的同素异形体之间外观和质地上的差别。

几千年以来，人们都没发现金刚石和碳之间的联系。直到17世纪，两位佛罗伦萨科学家，朱塞佩·阿韦拉尼和奇普里亚诺·塔吉奥尼发现可以通过放大镜将太阳的热量集中到金刚石上。1796年，英国化学家史密森·特南特在实验研究中观察到奇妙的现象——一颗金刚石经过燃烧，生成了唯一的产物——二氧化碳，他由此证明金刚石是由碳构成的。这一结论在当时震惊了世界！

碳与氢结合，形成了烃，或称碳氢化合物。碳氢化合物可以从地球的化石原料中被提取出来，它们也是合成塑料聚合物和许多纤维、溶剂和涂料的基础原料。烃或烃的衍生物的混合物便是化石燃料，它们的燃烧会释放出二氧化碳，这些二氧化碳排放到大气中会加剧温室效应。在大规模的可替代的持续型能源出现之前，这个问题将会一直困扰世界各国。

碳在工业生产中被广泛应用，比如：木炭或焦炭被用于炼钢；石墨被用来制造铅笔（虽然石墨被错误地称为"铅"），以及在电气方面用于制造电机刷和炉衬；金刚石被用于切割岩石和钻孔；碳纤维非常轻且坚固，被用于制造鱼竿和网球拍以及飞机和火箭的活动部件。

近年来，科学家在研究中发现了一系列碳的新同素异形体，它们拥有非常特殊的性质。比如于1985年被发现的富勒烯（外观像一个由碳组成的空心笼子的这一系列物质统称富勒烯），它的种类有很多。其中有，巴克球——足球烯的一种，像一个由60个碳原子形成的空心球；还有纳米管，在1991年被发现，是一种由卷曲的碳原子组成的且直径只有1纳米（0.000 001毫米）的细管。

碳的同素异形体中最令人惊奇的可能是石墨烯，人们普遍认为它是未来的奇迹材料。虽然石墨在宏观上是柔软的，但是组成石墨的单独的每一层是相当坚固的。自20世纪60年代起，科学家们就曾推断，未来我们能够制造出一种二维结构、质地轻盈且坚固灵活的碳材料。2004年，这种被称为石墨烯的二维新型材料最终研发成功。它能用于制造电路、高效太阳能电池、智能跑鞋、轻型飞机等，甚至能作为一种新型的神经植入物用来连接我们的大脑和计算机。

碳的故事仍在继续，相信它在未来会更加精彩！

# "笑气"中的氮

| 7 |
| N |
| 14.01 |
| 氮 |
| nitrogen |

原子序数：7　　　　类型：非金属　　　　沸点：-196 ℃（-320 °F）

颜色：无色　　　　发现时间：1772年　　　熔点：-210 ℃（-346 °F）

　　氮气占地球大气总量的78%，其用途很广，从安全气囊到喷雾霜再到医院里使用的"笑气"，都会用到它。我们知道氮气的存在也只有大概250年的时间。

　　在18世纪，科学家们开始对人类呼吸的空气的组成成分感兴趣。1750年，苏格兰化学家约瑟夫·布莱克分离出了二氧化碳。因为二氧化碳可以从经酸处理后的石灰岩等矿物质中释放出来，所以他将其称之为"固定的空气"。另外，它也被叫作"恶气"，因为它能够使完全被它包围的动物窒息。如果封闭空间中的氧气全部烧尽，剩下的空气也有类似的窒息作用，在这种情况下，剩下的气体基本上都是氮气（还包括少量的大气中的其他非氧气气体，如二氧化碳）。

　　亨利·卡文迪什在研究"恶气"时，首次发现了氮气。这一发现后来基本归功于布莱克的学生丹尼尔·卢瑟福，他开展了类似的实验，并于1772年发表了自己的研究成果。卡文迪什是一个做事有条不紊，有点近乎偏执的人。他反复实验，最终成功分离出了空气的成分。首先，他将过热的木炭置于空气中，使木炭与氧气反应生成二氧化碳；然后，他用碱溶液吸收二氧化碳，剩下的就只是一种气体，它的主要成分后来被命名为氮（nitrogen），因为由它形成了硝酸钾（potassium nitrate）——也称为硝石或硝酸盐，硝酸钾是早期火药的关键成分。

　　氮在炸药的发展过程中起着很重要的作用。甘油与硝酸反应可以生成硝化甘油，含有氮的硝化甘油是一种在强大冲击力下会发生爆炸的液体。当阿尔弗雷德·诺贝尔找到一种方法把硝化甘油吸收到柔软的岩石"硅藻土"（也称硅藻土）中，于是便有了更安全的炸药。

　　汽车上的安全气囊，就是利用了氮的爆炸性。气囊中充有叠氮化钠——一种由钠和氮组成的化合物，它可以被火花触发爆炸而分解成氮气和金属钠，生成的氮气迅速使安全气囊膨胀。

　　另外，如果你想冷冻一些水果，氮气也能大显身手。液氮可用于速冻：你可以看到在各种在线视频中，人们用锤子将被氮气冷冻的香蕉敲碎成小块。氮气也可以用来保存新鲜水果，将水果储存在非冷藏的密封氮气箱里，就能阻止其被氧化，从而延迟腐烂。

　　氮也用于制造一种使啤酒起泡的小部件——在啤酒罐中放置一个带

孔的小球，然后在压缩啤酒的过程中往酒内加入少量液氮。在压缩过程中氮气会发生膨胀，然后被压缩至小球内——打开罐子时释放的压力便会触发气体从啤酒内涌出。喷雾霜也利用了压缩氮的原理，将一氧化二氮气体（笑气）混合到霜中，压缩到瓶子里，当按压瓶子时，压力迫使雾状的霜从中喷出。

　　在闪电的高温下，空气中的氮气与氧气直接化合成氮氧化物。氮氧化物溶于雨水便会形成硝酸，然后与地面的矿物反应生成硝酸盐。绿色植物和藻类吸收硝酸盐，硝酸盐有助于形成DNA，以及促进氨基酸合成蛋白质。氮对于有机生物来说也是一种关键的元素。动物通过饮食摄入氮，最终氮被释放又回到大气中。土壤中的微生物和细菌将氮转化成硝酸盐，这个过程可以由被氨制成的化肥替代，而氨是一种由氮和氢构成的化合物。

# 维持生命的氧

8

**O**

16.00

氧

oxygen

---

原子序数：8　　　　类型：非金属　　　　沸点：-183 ℃（-297 °F）

颜色：无色　　　　发现时间：1770年　　　　熔点：-219 ℃（-362 °F）

　　与碳一样，氧是地球生物最重要的组成部分之一。我们吸入氧气，呼出二氧化碳。我们的大脑、DNA和细胞，以及体内几乎所有的分子维持生命活动都需要依赖氧气。氧在人体内的含量约为60%，其主要以水或者水分子的形式存在。

　　氧气是宇宙中第三丰富的元素，是一场意外让我们的星球最终得到了如此丰富的氧气。在大型动物出现以前，植物和蓝藻从太阳那里获取能量，吸收二氧化碳，呼出氧气。因为氧是一种活性很高的元素，所以它与其他元素反应可以生成种类繁多的化合物。

　　你知道吗？氧在地壳中的含量高达48.6%，细小的沙子主要成分是二氧化硅。很多金属都是从氧的氧化物中提取的。例如：铁通常提取自赤铁矿，铝提取自铝土矿。像石灰岩这样的碳酸盐中也含有氧。

此外，当大气中的氧气含量逐渐达到约21%，便能有效地将行星环境地球化。氧气溶解在水中，这样水中的物种就可以生长，随着时间的推移，陆地上的生命也在不断进化。

15世纪，达·芬奇发现蜡烛离开空气就无法燃烧，因此他推测空气里包含了一些维持生命的物质。1770年，三名化学家分别发现了氧气的存在。1774年，约瑟夫·普里斯特利把阳光聚焦在氧化汞上，他发现产生的气体使蜡烛燃烧得更明亮（他的同事亨利·卡文迪什将该气体称之为"脱燃素气体"）。1777年，瑞典科学家卡尔·威尔海姆·舍勒通过实验发现了氧气，并发表了一份报告。安托尼·拉瓦锡也发现了氧，他意识到这确实是一种新的元素，但并不是什么"脱燃素气体"，他将其命名为"氧"，意思是"酸的形成"，这个名字源于他对氧不正确的假设——他认为氧元素存在于所有的酸中。尽管如此，这个名字仍然被保留了下来。

由于氧气具有很强的活性，因此它还有一个不太讨人喜欢的特性——容易滋生出大量微生物，引起食物等多种物质的腐烂。多年来，科学家们一直在努力研究让食物与氧气隔离的各种方法。例如：将水果储存于氮气中或者采用掩埋、罐装以及真空包装的形式。这些冷冻、干燥、固化或罐装的处理方式都是为了防止氧气进入食物致其腐烂。

## 重燃火焰 ●

这是一个很经典的化学实验。首先，在一个燃烧瓶里放一些纯氧（或氧气浓度较高的空气），然后在空气中点燃一块木板，晃动木板使火焰熄灭，这个时候，木板会微微发光。

如果你在上面吹气，它会发出一点橙色的光，但是不会重新燃烧。接着立即把木板放入充满氧气的燃烧瓶中，它会立刻重新燃烧。这个实验表明氧气非常活泼，能够促进物质燃烧。

在高海拔地区，我们的呼吸会变得困难，这是因为高海拔地区的大气中所含的氧气浓度较低。氧元素不只能形成我们呼吸所需的双氧分子（由两个氧原子结合），它还可以形成三氧分子（由三个氧原子结合），也就是我们常说的臭氧。

在平流层，氧分子不断受到紫外线的轰击，分裂成单个原子，这些原子与双氧分子化合形成臭氧分子，然后臭氧经紫外线照射又发生分裂，周而复始地循环。臭氧层可吸收太阳光中对人体有害的短波光线，保护我们不受紫外线的伤害。如果我们有幸看到极光，应该明白那美丽的漩涡图案就是太阳风在大气中与氧分子碰撞产生的。

| 9 |
| F |
| 19.00 |
| 氟 |
| fluorine |

# 防蛀牙的氟

原子序数：9　　　类型：卤素　　　沸点：-188 ℃（-307 ℉）

颜色：浅黄色　　　发现时间：1886年　　熔点：-220 ℃（-362 ℉）

　　氟位于在周期表中第17列，这一列元素为卤素（卤族元素），其中还包括氯、溴、碘和砹。

　　卤素与金属反应，会生成一系列的盐，包括氟化钙、氯化钠（食盐）和溴化银。卤素的英文名为halogen，来源于希腊语halos（盐）和gennan（形成）两个词。卤素都具有较强的反应活性和潜在的致命性。氟的纯态非常危险，人在含氟0.1%的空气中呼吸，几分钟内就会致命，如果用氟气流对准固体，如砖或玻璃，它们会瞬间爆发火焰。

　　不过，也有一些更安全的含氟化合物。1520年，矿物氟石（氟化钙）被当作熔炉中的"熔剂"，使金属更容易加工。

当时的炼金术士就已经知道氟石等氟化物中含有一种未知物质，但是他们无法分离出氟。（或者，即使有人成功，他们也已经死于实验，而无法讲述故事。）

1860年，英国科学家乔治·戈尔差一点分离出氟。他使电流通过氢氟酸，安全地生成了大量的氟，但是当时他无法对产物进行验证。直到1886年，法国化学家亨利·莫伊桑成功地通过电解法分离出氟（反应过程中无人死亡），这项壮举使他最终获得了诺贝尔奖。

我们经常接触到的氟都是以稳定的氟化物形式存在的，这些物质对人类来说是必不可少的。在很多地区氟化物被添加到水中，这是因为研究发现，在一些水源中含有天然氟化物的地区，居民发生蛀牙的程度较低，但是往水里加氟化物的做法存在争议。氟化物也经常被用于制造牙膏。当氟化物作用到牙齿上，它会形成微小的晶体，有助于缓解牙齿敏感和防止蛀牙。

另一种常见的化合物是聚四氟乙烯，除了这个正式的名字，你可能对它的商标名——特氟龙更为熟悉。聚四氟乙烯被发现于1938年，那时罗伊·普朗克特正在杜邦实验室研究一种新型制冷剂（冷却气体）。

将气态的聚四氟乙烯储存在气瓶中后，会留下白色粉末状的残留物。聚四氟乙烯后来被证明是一种耐高温、反应活性低且在低温下极易变形的塑料。这些"超能力"让它被应用于太空探索。

聚四氟乙烯还有一个特性——没有任何东西可以粘在它上面，因此，它常常被用来制造不粘锅和平底锅。另外，它也被用于制造"透气服装"，即穿上这种服装后雨水进不来的同时水蒸气可以挥发出去，非常适合雨天锻炼和下雨天在户外工作的人。

# 氖与多彩的霓虹灯

<table>
<tr><td>10</td></tr>
<tr><td>**Ne**</td></tr>
<tr><td>20.18</td></tr>
<tr><td>氖</td></tr>
<tr><td>neon</td></tr>
</table>

原子序数：10　　　　　类型：惰性气体　　　沸点：-246 ℃ (-411 °F)

颜色：无色　　　　　　发现时间：1898年　　熔点：-249 ℃ (-415 °F)

　　化学家们在门捷列夫元素周期表的启发下，不断寻找新的元素，氖就是一个很好的例子。西尔·拉姆赛很早就发现了其他几种惰性气体（因为它们缺乏反应活性所以被称为惰性气体），包括氦气、氪气和氙气。拉姆赛根据元素周期表推断，在氦和氩之间应该还有一种元素存在。

　　在伦敦的大学里，拉姆赛和同事莫里斯·特拉弗斯一起继续寻找那个缺失的元素。他们先分离出氩气，然后取了一块固体氩，放到液态空气中。在低压条件下，氩缓慢蒸发，这让他们成功地收集了第一批蒸发出来的气体。当他们将该气体在原子分光光度计上进行测试时，被加热的气体放射出令人惊讶的光芒。特拉弗斯记录道："从试管中发出深红色、耀眼的光，似乎在讲述它们自己的故事，这壮观的景象简直让人过目不忘。"（现在我们采用更简单的分馏法从空气中提取氖。）

**氖光谱**

氖只散发出一种鲜艳的红色光。但是为什么我们现在所说的氖灯（即霓虹灯）是五颜六色的呢？答案是，最早的霓虹灯就是用氖气来填充的，因此被称为氖灯。后来出现其他颜色，是因为灯内又被填充了其他气体，或者使用了彩色玻璃，或者把荧光粉烘烤在玻璃管上。例如，氦或钠可以产生橙色光，氩能产生淡紫色光，氪能产生浅蓝色或黄绿色光，蓝色的光则可以由氙或汞蒸气呈现。

拉姆赛13岁的儿子建议给这种新的气体取名为novum（拉丁语，表示"新的"），拉姆赛稍做修改使用了neon（希腊语，表示"新的"）这个名字。氖最初是一种很无趣的元素，因为它是所有元素中反应活性最差的。事实上，它不会和任何元素发生反应。

耀眼的红光激发了法国化学家和发明家乔治·克劳德的想象力，他通过向充满氖气的封闭玻璃管中放电制造出了一种全新的光源。在1910年的巴黎展览会上，他发明的第一只氖灯，仅仅只是满足了人们的好奇心。之后，他花了十多年的时间才找到氖灯的商业用途（因为人们根本不希望在家里或街道上使用红灯）。有一次他想用弯曲的管子来制造发光的字母，于是他成立了克劳德霓虹灯公司并取得了成功，这种灯当时在美国十分受欢迎。第一个霓虹灯标志被卖给了洛杉矶汽车经销商，引得路人为这新汽车广告而驻足观赏。

# 厨房里的美味—— 钠

| 11 |
| Na |
| 22.99 |
| 钠 |
| sodium |

---

原子序数：11　　　　类型：碱金属　　　　沸点：883 ℃（1 621 ℉）

颜色：银白色　　　　发现时间：1807年　　熔点：98 ℃（208 ℉）

　　从远古文明开始，人类至少使用了两种重要的含钠化合物。其中一种是纯碱，当时是由古埃及人从尼罗河附近干涸的平原上收集而来的。纯碱是一种晶体，可以用作清洁剂。另一种是食盐（氯化钠）。食盐产自盐滩（或地下沉积物），一直以来是我们饮食的重要组成部分，可直接添加到食物中供我们摄取。

　　我们体内大约有100克钠。与钾和钙盐一样，钠盐在人体内作为电解质，对调节细胞内电解质的输入与输出起着非常重要的作用。它帮助细胞传递神经信号，调节我们身体里的水分。钠摄入过多会患高血压，这就是为什么要建议高血压患者要减少食盐的摄入量。

　　盐税在历史上引起过社会动荡。例如，它曾是引发法国革命的一个因素。当年英国在印度强制实行盐税，那个时候的大部分印度人还在吃素，由盐税引发的圣雄甘地的抗议游行成为当时印度独立运动的一个纪念性时刻。

### 厨房里的化学家

人类使用盐和苏打已经有几千年的历史了。早在13世纪，肥皂制造商制备了苛性钠（氢氧化钠），而小苏打（碳酸氢钠）是后来才发现的。1843年，英国化学家阿尔弗雷德·伯德发明了小苏打来帮助他的妻子对食物进行发酵。小苏打是通过酸碱反应生成二氧化碳气体来起发酵作用的。

尽管在地球的最常见元素中，钠元素含量排第六且含钠化合物早就已经被人类广泛使用，但直到19世纪人们才开始了解它的性质。钠是极容易与其他物质发生反应的，所以自然界里基本找不到它的单质（钠暴露在空气中会立马失去光泽，因此必须保存在特定的油里面）。

在伦敦皇家学院，汉弗莱·戴维爵士将氢氧化钠电解首次提取出了纯钠。他将电流通过氢氧化钠，生成小的金属球。（今天普遍通过电解干燥的熔融氯化钠来生产金属钠。）

钠的实际用途很广，包括作为核反应堆的冷却剂、冬季道路的除冰剂（以盐的形式）、排水沟清理剂（以苛性钠的形式），以及用于生物化学工业的引发剂。大多数化学家都知道关于钠最有趣的一个性质：把刚切的钠块丢到水里，然后在比较远且安全的距离范围内观察，就能看到它先剧烈运动然后爆炸的现象。不过，最好是在互联网上看视频，而不是自己去尝试，因为钠在水中反应剧烈，易爆炸，极易发生危险。

# 植物的好朋友——镁

| 12 |
| **Mg** |
| 24.31 |
| 镁 |
| magensium |

原子序数：12　　类型：碱土金属　　沸点：1 090 ℃（1 994 ℉）

颜色：银白色　　发现时间：1755年　　熔点：650 ℃（1 202 ℉）

　　镁是我们可以放心使用的金属（锂和钠都太活泼），而铍毒性太大，使用时如果稍不注意就会发生危险。在空气中点燃镁条时，它会剧烈燃烧并发出明亮的光。点燃金属镁条，是学校实验室里经常演示的一个化学实验。

　　镁对生物来说也是一种不可或缺的元素。它作为叶绿素的一部分，在光合作用过程中起着非常重要的作用，当植物的叶片变成黄棕色或长出暗红色斑点时，就可以推断该植物缺镁，这时往树叶上喷碳酸钙镁营养剂或往土壤里添加碳酸钙镁肥料就可以解决这个问题。

## 镁的药用

从17世纪开始镁盐就被用于治疗便秘，它的发现者是一个农民。这位英国埃普索姆的农民很纳闷，在气候干旱的时节，为什么他的奶牛对非常明显的水坑视而不见？直到水坑干涸后，农民发现原来水坑里留下了有苦味的硫酸镁晶体，这一发现使得人们发现了镁的药用价值。年纪大点的读者可能还记得镁乳，那是一种氧化镁悬浮液，可以用于治疗消化不良和便秘。

我们可以从植物或其他动物中摄取镁，尤其是从麸皮、巧克力、巴西坚果、大豆、杏仁中摄取。镁可以维持人体的各项机能，包括神经和肌肉功能、血糖的调节、体内蛋白质的合成等。一些肠胃疾病会导致人体缺镁，进而出现昏昏欲睡、没有精神、抑郁和其他更严重的症状，缺镁还可能导致慢性疲劳综合征。

1755年，爱丁堡的约瑟夫·布莱克对从碳酸盐岩、菱镁矿和石灰石中提取的镁（氧化镁）和石灰(氧化钙)进行了细致的比较，发现镁是一种重要的元素。1808年，汉弗莱·戴维通过电解氧化镁分离出了少量的纯金属镁。

历史上，镁曾被用来制造海泡石管道（以硅酸镁的形式），镁剧烈燃烧发出明亮火焰的性质被用于制造早期的闪光灯。另外，第二次世界大战中可怕的镁弹还会引发严重的火灾和暴风雨，只不过金属镁很难被点燃，所以这些炸弹需要用铝热反应点燃。当然啦，镁也有一些比较积极的用途。因为它使用起来比较安全，所以常用在含有铝和其他轻金属的合金中，能够减小汽车或飞机中金属部件的重量，镁还可以用来制造轻型手机和笔记本电脑。

# 昂贵的铝餐具

| 13 |
|---|
| **Al** |
| 26.98 |
| 铝 |
| aluminium |

---

原子序数：13　类型：后过渡金属　　　沸点：2 513 ℃（4 566 ℉）

颜色：银灰色　发现时间：第三世纪或1827年　熔点：660 ℃（1 222 ℉）

　　铝是一种非常实用的元素，从罐头、箔纸、厨房设备、家居物品，到飞机、汽车和电力电缆，方方面面都会用到它。它是一种轻金属，柔软且具有良好的延展性，无毒、无磁性，还是电的良导体。至关重要的是，铁被氧化时会生锈，而铝被氧化时则会形成一种极薄但坚硬的氧化铝层，从而让金属铝更加坚固。铝也是地壳中含量最丰富的金属，纯铝和它的各种合金应用都非常广泛。例如，含镁、硅、锰和铜的铝合金，常用在需要轻量化的飞机、自行车和汽车上。

　　其实可能早在3世纪，人类就提炼出了铝。比如，中国古代周楚将军的坟墓里的金属饰品中就含有85%的铝。如果中国早在古代就掌握了提炼金属铝的方法，那么到1827年人类提取到纯金属铝，它也已经失传了几个世纪。

由于铝化合物的氧化性很弱，铝不易从其化合物中被还原出来，因而迟迟不能分离出金属铝。1825年，丹麦化学家汉斯·克海斯提安·奥斯特利用稀的钾汞齐与氯化铝反应第一次分离出不纯的金属铝。1827年，德国化学家弗里德里希·维勒完善了之前丹麦化学家奥斯特德提出的方法，他将氯化铝和钾同时加热，最终提取出了纯铝。

汉弗莱·戴维在20年前就差点提取出纯铝，他试图从铝的一种化合物（苦盐明矾）中提纯金属铝。虽未成功，但他仍然将其并命名为"铝（aluminum）"。这个名字在现在的美式英语和英式英语中的发音有一点区别。

很多年以后，国际纯化学与应用化学联合会（IUPAC）规定，作为一种金属，铝应该以"-ium"结尾，但是美国化学学会保留了原来的拼写，所以现在英美两国都认为对方的拼写或发音是错误的。

### 马丁—图桑反应

查尔斯·马丁是一名22岁的美国化学爱好者，他和妹妹一起做实验时，发现了一种成本低廉的生产铝的方法。而在大西洋的另一边，保罗·路易·图桑，一位与他同龄的法国化学家也发现了这个方法（所以后来这个方法以他们两人的名字联合命名）：取一个容器，将氧化铝溶解在熔融的六氟铝酸钠（众所周知的

"冰晶石") 里，然后电解混合物将铝和氧分开来以提取出铝。这仍然是今天大规模生产铝的方法。

虽然铝的生产在今天来说已经比较普遍，但是在现代方法发展之前，铝曾被认为是奢侈的金属。在19世纪60年代，据说拿破仑三世只给来访的法国国王和皇后提供铝餐具，而少数贵族只能使用金盘子。

# 沙子变成的硅芯片

| 14 |
| :--: |
| **Si** |
| 28.09 |
| 硅 |
| silicon |

---

原子序数：14　　　类型：准金属　　　沸点：3265 ℃（5909 ℉）

颜色：蓝色金属质感　发现时间：1827年　　熔点：1414 ℃（2577 ℉）

如果提到硅，你首先想到的可能是计算机内部的小芯片。这种元素在地壳中的含量高达26.3%，是地壳中第二丰富的元素，仅次于氧。在自然界中，硅只以化合态的形式存在，所以你可能对它的各种各样的化合物更熟悉。含硅的氧化物包括燧石、沙子、岩石晶体、石英、玛瑙、紫水晶和蛋白石。由硅酸盐构成的岩石和土壤包括花岗岩、石棉、长石、云母和黏土。

纵观历史，硅的化合物曾被广泛使用。例如人类最早的一些武器是用火石做的；花岗岩和其他岩石的主要成分是复杂的硅酸盐，主要应用于建筑；沙（二氧化硅）和黏土（硅酸铝）是混凝土、水泥、陶瓷和搪瓷的主要成分。蛋白石、石英和紫水晶在古代文明中属于比较有价值的昂贵物品。黑曜石是从火山熔岩中流出来的岩浆突然冷却后形成的天然琉璃。到公元前2世纪，人类学会了制造玻璃。工人们发现在制造金属产品的过程中生成了副产品——小玻璃滴，于是从中得到灵感，将沙熔化，并使其以不同的形式凝固，像极了琉璃。石棉是一种天然形成的硅酸盐，几千年来它的耐火性能一直被广泛应用（尽管我们越来越谨慎地使用它）。

也许是硅的形式太多样化，导致它的单质一直被化学家们忽视，直到19世纪硅单质才得到重视。1824年，瑞士化学家雅各布·贝泽利乌斯从氟硅酸钾中首次提取出了一种相对纯净的硅粉，而直到1854年法国化学家亨利·德维尔才提取到了晶体硅。

从那时起，硅得到了越来越广泛的应用。例如：硅被用来合成制造成变压器板、发动机的机体和机床所需的铝和铁合金；硅与碳反应生成的碳化硅，可以用作强研磨剂；硅与氧反应可以生成一种聚合物——硅氧烷，有点像橡胶，可以用来密封浴室。硅酸凝胶还可作为乳房植入物用在隆胸手术中。

世界的数字产业中心地带以"硅谷"命名，证明了硅芯片的巨大贡献。这些都依赖于"半导体"硅的核心地位——称为半导体是因为它在某些情况下可导电，在某些情况下不导电。芯片中使用的材料实际上是"掺杂"硅（在硅中掺入少量其他元素，制成一只微型晶体管）。

科幻作家和一些科学家已经暗示可能存在基于硅而不是基于碳的外

来生命体。碳和硅在元素周期表中处于同一列且相邻的位置，与碳一样，硅原子可以同时与多达4个的其他原子键合。然而，硅基生物存活可能需要一个完全不同的行星环境——比如具有超低温环境和含有丰富的氨。

尽管如此，硅确实在地面生物中扮演了一些有趣的角色。植物内部形成的小块二氧化硅被称为植硅体，它们不会腐烂，能在化石中生存，所以植硅体应用最广的领域之一是考古学。荨麻摸上去会有刺痛感，就是因为其表面的微小硅酸盐碎片。最小的光合生物之一——微型硅藻的内部有复杂的硅酸盐结构，它能够产生大量的氧气。

谁知道呢，也许硅基的外来生命体听起来并没有那么难以置信！

# 魔鬼元素—磷

| 15 |
|---|
| **P** |
| 30.97 |
| 磷 |
| phosphorus |

---

原子序数：15　　　　类型：非金属　　　　熔点：(白磷)44 ℃(111 ℉)

升华点：(红磷)416～590 ℃(781～1094 ℉)　　颜色：白、红、紫、黑

沸点：(白磷) 281 ℃ (538 ℉)　　　　发现时间：3世纪或1827年

　　磷是第13个被发现的元素，有时会被称为"魔鬼元素"。除了因为"13"这个数字被认为不吉利，还因为磷自带的一些让人不愉快的性质。1669年，德国炼金师亨尼格·布兰德发现了磷。在寻找哲人石时，他将一大桶尿液放置了很多天（这气味肯定糟糕透顶），然后他加热尿液直到沸腾，再静置蒸发。当他重新加热残留物至尿液浓缩后，得到了一种闪光物质。一个世纪后，拉瓦锡发现了这种物质的组成元素并将其命名为磷，它在古希腊语中的意思是"启明星"。生产磷还有一种简单的方法，即用硫酸溶解动物的骨头后生成了磷酸，再将磷酸和碳在加热的条件下反应，就可以生成白磷。

　　磷有几种不同颜色的同素异形体，其中最常见的是白磷。白磷是一

种非常危险的物质，当它暴露在空气中会产生绿色磷光和白烟。白磷有剧毒，在空气中易燃，当人接触到它时会严重烧伤皮肤。红磷则比较安全，常被用在火柴盒侧面的材料中。1827年，英国蒂斯河畔斯托克顿的一些火柴生产商仍然在用白磷生产火柴，这导致许多女工患上了"磷下巴"——一种因为磷中毒引起颌骨坏掉的疾病，所以在20世纪初便开始禁止生产白磷火柴。

1943年，在汉堡这个城市，磷被用于制造一系列致命武器，比如曳光弹、燃烧弹、烟幕弹以及导致可怕火暴的磷弹。磷还被用来制造像沙林这样的神经毒气。20世纪80年代，在伊拉克与伊朗的战争中，由于使用了沙林毒气造成了重大人员伤亡。在1995年的东京地铁袭击事件中，邪教组织散布沙林毒气，造成12人死亡和多人受伤。

幸好，我们在自然界中见不到纯磷，只能见到磷酸盐。磷酸盐对人体的生命至关重要，其存在于DNA、牙釉质和骨骼中。我们可以从金枪鱼、鸡蛋和奶酪等食物中摄取人体所需的磷酸盐。磷酸盐还被用作肥料，在最近几个世纪，它大大提高了农业产量。

我们可能也听说了磷循环中的严重问题，如使用过多的磷酸盐化肥或清洁剂导致河流污染和湖泊藻类过度生长，危害到了依赖光合作用的生物，以及需要氧气的其他物种。早期，鸟粪、肥料和人类排泄物是磷酸盐的主要来源，但是现在唯一经济又可行的磷酸盐来源是少数地区的磷矿。

## 人民的敌人

安托万–洛朗·德·拉瓦锡，法国著名化学家、生物学家、被后世尊称为"现代化学之父"，曾经为法国海关的税务组织工作。他的政治关系有助于他的杰出研究，但最终这也导致了他的垮台。1794年，法国大革命之后，他被指控犯有税务欺诈罪。在恐怖统治时期，他被送上了断头台。

　　目前，大多数人还没有意识到，已经有太多的磷以磷酸盐这种不易回收的形式进入了地球的生态环境中。许多科学家预测这将是未来一百年的主要环境危机之一，所以我们要努力减少化肥中所用磷酸盐的比例。

# 散发恶臭的硫

| 16 |
|---|
| **S** |
| 32.06 |
| 硫 |
| sulphur |

原子序数：16　　　　类型：非金属　　　　沸点：445 ℃（833 °F）

发现时间：远古时期　　颜色：黄色　　　　　熔点：115 ℃（239 °F）

　　硫是另一种魔鬼元素，这种恶名可能是受到了某些硫的化合物有刺鼻气味的影响，而不是因为它本质上的邪恶。硫元素是自然存在的。通常硫附着在火山区的岩石上，呈亮黄色晶体。

　　历史上曾通过燃烧硫来获得二氧化硫，二氧化硫可以漂白衣物和保存葡萄酒。在现代，当未经提炼的化石燃料燃烧时，产生的二氧化硫排放到大气中，会形成酸雨或加剧城市的空气污染。

　　炼金术士认为所有的金属都含有硫、汞和盐，所以他们进行了很多奇怪的、令人惊讶的实验。硫化氢或者任何一种形式的"硫醇"都会散发一种恶臭，类似臭鸡蛋的气味。球蛋白（鸡蛋中富含的一种蛋白质）腐烂会产生硫化氢，这是一种有毒的气体；臭鼬通过排泄"丁基硒代硫醇"来保护自己。另外，较温和的硫醇则会扩散到无味的天然气中，所以天然气有难闻的气味。

### 硫黄救援

一些科学家认为硫在减缓全球变暖中起着非常重要的作用（虽然关于细节有很多争论），他们认为二甲基硫化物是由海洋里的浮游生物间接产生的，这些化合物最终被氧化成三氧化硫，进一步反应生成的硫酸颗粒会进入大气层，促进云的形成。过高的温度可能会导致一种反馈机制，进而达到降温的效果。

当然，硫黄也有许多积极的作用。硫的化合物被应用于硫化橡胶、漂白纸、磷肥、防腐剂和洗涤剂等的生产。硫酸钙是水泥和灰泥的关键成分。硫酸在工业上尤其重要，例如，它可以用来生产磷肥。硫是构成氨基酸的重要组成部分，而氨基酸又是构成细胞蛋白、组织液和各种辅酶的重要成分，因此，硫是人体中不可缺少的常量化学元素之一，我们体内大约有150克的含硫化合物。

# 消毒小能手 —— 氯

17
**Cl**
35.45
氯
chlorine

| | | |
|---|---|---|
| 原子序数：17 | 类型：卤素 | 沸点：-34 ℃（-29 ℉） |
| 发现时间：1774年 | 颜色：黄绿色 | 熔点：-102 ℃（-151 ℉） |

我们对氯这种元素其实非常熟悉，因为日常食用的食盐（氯化钠）中就含有氯元素，而食盐能为人体提供不可缺少的营养成分，但是氯还具有毒性。1915年，德国军队在伊普尔地区使用氯气武器，导致约5 000人死亡和更多的人受到重伤。

在自然界中，并不存在纯氯。1774年，瑞典化学家卡尔·威廉·谢勒首次分离出了氯，他将盐酸和二氧化锰一起加热，生成了一种黄绿色且有刺激性气味的气体，这种气体可以溶解在水中并形成一种酸溶液，但是谢勒不相信他所得到的气体是一种纯物质。1807年，汉弗莱·戴维对该气体进行了进一步的研究，并宣布了这个新元素的存在（以希腊语"黄绿色"给它命名）。

PVC（聚氯乙烯）是氯的一种化合物，这是一种用途很广的塑料，从窗户框架到医院的血袋都会使用到它。在制药工业中，氯也被广泛用于化学反应的引发剂。

因为氯气能杀死细菌，消毒剂可能是氯最广泛的一个应用。许多家庭还用它来做漂白剂，以及用它消毒自来水和游泳池来保证水质的安全。氯气消毒起源于伦敦，在霍乱暴发之后，当先锋医生约翰·斯诺意识到索霍区的一口受感染的井就是病因的时候，他尝试用氯气对水井的抽水机进行消毒。后来，其他地区又暴发了很多霍乱，但是自21世纪初欧洲和美国最先开始对饮用水进行氯化，这种消毒方法才得以普及。19世纪中叶，人们发现氯仿（又称三氯甲烷）具有麻醉的医效。维多利亚忍受不了生育的疼痛，想要在分娩过程中使用这种药，但是被她的医生拒绝了。

随着时间的推移，我们对一些含氯产品的态度也慢慢开始发生改变。氯仿与干洗溶剂四氯化碳在过去使用得非常普遍，但是现在已经被禁止，因为它们会损坏肝脏。

在某个阶段，氯氟碳化合物（它的简称"氟氯烃"可能更出名一点）也很流行——尤其是在气溶胶中被广泛使用。可惜氟氯烃会破坏臭氧层，自20世纪80年代以来，它在全球范围内已减少使用，近年来这一措施有效维护了臭氧层的稳定。

18
**Ar**
39.95
氩
argon

# 默默无闻的氩

| | | |
|---|---|---|
| 原子序数：18 | 类型：惰性气体 | 沸点：-186 ℃（-302 ℉） |
| 发现时间：1894年 | 颜色：无色 | 熔点：-189 ℃（-308 ℉） |

现在我们都知道大气中二氧化碳的含量在不断增加，这在未来将造成严重的环境问题。众所周知，大气包含78%的氮气、21%的氧气、0.94%的惰性气体（氦气、氖气、氩气、氪气、氙气、氡气）、0.03%的二氧化碳、0.03%的杂质。很少有人知道，在大气的惰性气体中氩气含量最高，占0.93%，比二氧化碳的含量还高呢。

氩首次被人类发现是在1760年，当时亨利·卡文迪什正在研究空气的组成成分。我们已经知道卡文迪什是如何将"燃素气体"与"脱燃素气体"分开的。当他继续从燃素气体中提取氮气时，总是疑惑地发现，始终有大约1%的惰性气体存在。

直到1894年，约翰·斯特拉特（后来被称为瑞利勋爵）和威廉·拉姆齐发现，从空气中提取的氮气比从氨中提取的氮气的密度总是高出约0.5%，他们由此确定了大气中除了含有氧气和氮气之外，还存在一种"较重"的气体，并推断其中只包含一种元素。

氩气是"惰性气体"之一，它的化学性质极不活泼，不容易与其他元素结合或反应。也正因为这个性质，他们以"argos"（取自希腊语，表示"没有活性的"）来命名它。

### 延迟的发现

1894年，当斯特拉特和拉姆齐发现氩时，他们没有立即向全世界公布，不是因为他们的科学研究结果有问题，而是两人都知道，一个重要的化学竞赛第二年将在美国举行，但参赛的项目必须是在1895年初之后发现的。他们被比赛提供的奖金诱惑，偷偷地推迟了这一结果的发布，直到第二年这项研究结果才宣告于世。他们当时拿到了1万美元的奖金，这些奖金在今天相当于超过15万美元。

氩是许多化学工业反应中的重要反应物。例如，在钢铁生产中，氩气与氧气一起，在"脱碳"过程中一起被吹入熔融金属，这样可以保护钢里诸如铬这样的贵重金属，以防止它们被氧化。

氩气常被注入灯泡内，因为氩气不容易发生反应，可以防止灯丝在高温下被氧化。氩气还常应用于制造双层玻璃窗，填补两块玻璃窗之间的间隙。因为它比空气重，传导的热量少，可以起到很好的隔离作用。

最近，氩激光已被应用于医院，它能够破坏癌细胞的生长和修复患者的眼角膜缺陷。

虽然120多年前我们还不知道有氩气这种物质，但事实证明它是一种非常有用的气体。

# 植物的营养液—钾

19

**K**

39.10

钾

potassium

| | | |
|---|---|---|
| 原子序数：19 | 类型：碱金属 | 沸点：759 ℃（1 398 °F） |
| 发现时间：1807年 | 颜色：银灰色 | 熔点：63 ℃（146 °F） |

　　很多个世纪以前，人们发现可以利用植物制造钾肥，这是一种很有用的肥料。18世纪，每年科兰（现为拉脱维亚和立陶宛的一部分）、俄罗斯和波兰的商船都会运输大量的钾肥制品，这些产品又被称为"灰"或"锅灰"。其生产过程是这样的：将杉木、松木、橡木和其他类似的树木在适当的壕沟里堆积、点燃，直到它们变成灰烬，然后加水将灰烬煮沸，并将上层的液体倒入大的铜罐中，再次煮沸将其还原成盐。17世纪的一份记载显示，类似的加工过程被用来制造一种名为"kali"的草药——其拉丁名称为*Salsola kali L.*（刺沙蓬），这种草药更通俗的名字叫猪毛菜。

　　上述两种产品的制造过程都会生成碳酸钾和碳酸钠的混合物。

制造"kali"时生成更多的是钠化合物，kali的名字也是缘于alkaline（碱性）一词，由"al-kali"变化而来，其中"al"是阿拉伯语的定冠词。

1807年，汉弗莱·戴维通过电解熔融氢氧化钾成功地分离出了钾。钾是第一种被分离出来的碱金属，其意义非凡。据说，当戴维第一次看到小小的钾球冲破了钾碱的外壳进入空气中燃烧时，他简直无法抑制内心的喜悦。

### 元素符号的"纠纷"

聪明的瑞典化学家雅各布·贝泽利乌斯先生发明了我们今天使用的化学符号系统，比如使用英文字母O等缩写来表示氧元素，唯一的区别是他当时使用上标（$H^2O$）来表示原子数而不是使用下标（$H_2O$）。你可能已经注意到某些元素的缩写似乎与其名称无关，这通常取决于欧洲化学家之间的各种历史性分歧。比如，钠或钠离子在日耳曼语中的名字是sodium。戴维根据钾肥（potash）来给钾元素命名为potassium，贝泽利乌斯则选择根据草药kali来给钾元素命名为kalium，缩写为K。

如果把钾放到水中，你会发现它很轻，可以漂浮在水面上，但接下来它可能会立即爆炸。因为钾的化学性质很活泼，它甚至会在冰上烧出一个洞。现在钾的主要工业用途仍然是生产肥料，钾能促进植物生长，使它们变得强壮，进而改善果实的品质。钾还用于制造玻璃、液体肥皂、药品和生理盐水。

# 钙让骨骼更健康

| 20 |
|---|
| **Ca** |
| 40.08 |
| 钙 |
| calcium |

---

原子序数：20            类型：碱土金属            沸点：1 484 ℃（2 703 ℉）

发现时间：1789年        颜色：银灰色              熔点：842 ℃（1 548 ℉）

多年来，牛奶广告总是告诉我们钙非常重要，能够保持骨骼和牙齿的健康。除了牛奶，我们还能从奶酪、菠菜、杏仁、鱼、谷物和酸奶等食物中获取钙。虽然钙的金属性质并不明显，但它实际上是地壳中含量第五丰富的金属。在自然界中你无法发现钙的单质，因为它会与空气迅速反应并形成各种化合物，包括石灰石（碳酸钙）和萤石（氟化钙），还有人造化合物，如石膏或巴黎石膏（硫酸钙），石灰或生石灰（氧化钙）。

在一些洞穴中，当含有碳酸氢钙的水从洞顶上滴下，并且矿物质逐渐沉淀成石灰石时，会在洞穴中形成钟乳石和石笋。粉笔也是一种石灰石。

饮用水如果被描述为"硬水"而不是"软水"时，就表明水中矿物质含量较高，这主要是由于水流过石灰石或其他矿物质时，导致钙化合物溶解其中。硬水会造成水壶和洗衣机堵塞，但相对无害。用硬水来生产啤酒比用软水生产的啤酒味道更好。

**骨骼生成器**

钙一直在促进人体骨骼的新陈代谢，这是一个持续不断的过程。孕妇和老人很容易缺钙，缺钙是骨质疏松症的重要原因之一。另外，钙离子能够促进血液凝结，即帮助止血。

人类自古以来就在使用石膏和石灰。罗马人和古代埃及人拿石灰合成砂浆和水泥，用来建设吉萨大金字塔。许多个世纪以前，石膏就被用来固定骨头，跟今天的医用价值一样。

# 珍贵的稀土元素——钪

| 21 |
|:--:|
| **Sc** |
| 44.96 |
| 钪 |
| scandium |

---

原子序数：21　　　　类型：过渡金属　　　沸点：2 836 ℃（5 836 ℉）

发现时间：1879年　　颜色：银白色　　　熔点：1 541 ℃（2 806 ℉）

　　门捷列夫在他的周期表中留下了4个特别的位置，并推测最终会发现新的元素来填充它们。他根据与已知元素的接近程度来给这几个神秘的新元素取了名字。比如，原始表格中硼位于第3列的顶部，他就给原子序数为21的新元素取名为eka-boron（意思是"一个远离硼的地方"）。硼最终被移到了第13列的顶部，但是直到元素周期表发表后的10年，这个新元素——钪才被发现并填补到eka-boron的位置，现在位于第3列的顶部。这一发现让门捷列夫的名声大振，并让全世界都开始重视元素周期表。

　　1879年，瑞典化学家拉尔斯·弗雷德里克·尼尔森尝试从矿物质中分离出一小块氧化钪样品，但直到1937年他才从通过电解熔融的氯化钪生产出钪金属。钪以斯堪的纳维亚半岛命名，因为这是它被发现的地方。

钪很稀少，全球产量每年只有约10吨。这使它比黄金更有价值，但它主要是为工业用途而开采，而不是作为奢侈品进行交易。钪是一种轻质元素，和铝等其他元素可合成出优质的合金，用于制造轻型运动装备和飞机。碘化钪，可用来制造高性能的泛光灯。

虽然钪在地球上很罕见，但它在宇宙的其他地方比较常见。比如，太阳和月亮上的钪含量都比地球高。

# 加钛更亮白

| | |
|---|---|
| 22 | |
| **Ti** | |
| 47.87 | |
| 钛 | |
| titanium | |

---

| | | |
|---|---|---|
| 原子序数：22 | 类型：过渡金属 | 沸点：3 287 ℃（5 949 ℉） |
| 发现时间：1791年 | 颜色：银色 | 熔点：1 668 ℃（3 034 ℉） |

不管是牙膏、糖果、油漆还是药品，外观呈亮白色的产品会更好卖。实现这一目标的最佳方法之一，就是使用二氧化钛（也称为钛白），这是一种可以从天然存在的且能从矿物中提取的钛的氧化物。

二氧化钛的应用是21世纪最有用的发明之一。例如，用在汽车后视镜中清洁玻璃的涂层，可以让水在没有喷雾的情况下散开，并带走大部分污垢。这种玻璃的第一个普遍使用的版本是由皮尔金顿公司研发的。

钛元素很常见，它在地壳中的含量排第十，但是提取出来并不容易。钛可以与氮气反应，这排除了许多可能提取的方法，目前提取的标准方法是克罗尔流程：首先将二氧化钛加热到大约1 000 ℃，然后通入氯气形成不同的化合物，最后将其用氩气覆盖，并且在850 ℃下与镁反应，提取出钛的纯金属。虽然这一工艺在经济上是可行的，但它使得钛比那些常见金属（如铁）的价格更贵。

钛的用处很大。因为钛跟钢一样坚固，而重量不到钢的一半，在水中不会腐蚀，也不像铝那样容易变形，而且与氧气发生反应时，表面会形成一层保护金属的薄氧化层，所以钛被广泛应用于运输、运动设备生产和航海中。钛还可以和骨骼很好地结合，这也使它成了髋关节置换和牙种植体的理想材料。

1791年，一位来自英格兰的威廉·格雷戈尔牧师最早发现了钛的氧化物，他在康沃尔部的玛纳坎教区发现了一些被磁铁吸引的黑沙，并将这些黑沙命名为"钛铁砂"。几年后，德国化学家马丁·海因里希·克拉普罗特认为，钛铁砂中含有与金红石（红色矿石）相同的新元素，但直到1910年，美国通用电气公司的化学家才找到了提取纯钛的基本方法。

# 炼钢的好伙伴——钒

23
**V**
50.94
钒
vanadium

---

| | | |
|---|---|---|
| 原子序数：23 | 类型：过渡金属 | 沸点：3 407 ℃（6 165 ℉） |
| 发现时间：1801年 | 颜色：银灰色 | 熔点：1 910 ℃（3 470 ℉） |

钒是合金中常用的另一种金属，每年其总产量的80%被添加到钢铁中。把钒掺进钢里，可以制成钒钢。钒钢比普通钢的结构更紧密，韧性和弹性也更好。因为钒对中子的低吸收作用，所以钒合金是制造核反应堆控制外壳的理想材料。另外，它还被用来制造玻璃、陶瓷颜料以及超导磁体。

钒最初是在1801年，由墨西哥教授安德烈斯·曼努埃尔·里奥（Andrés Manueldel Rio）在一种名为钒铁矿的棕色铅矿石中发现的。当他把这种矿石送去实验室做进一步分析时，一位法国化学家认为它是铬。1831年，瑞典化学家尼尔斯·加布里埃尔·塞尔夫斯特伦发现，瑞典南部开采的矿石制成的铸铁中也含有钒。金属工人们想知道他们的铁为什么这么难以冶炼，其实含有钒就是答案。

多年来，人类尝试了很多分离金属钒的方法，有一些宣称成功的方法于1869年都被推翻了。这一年，亨利罗斯科爵士在曼彻斯特制作了一个样本，并证明了之前制作的样品实际上都是复合氮化钒。后来，人们通常在高压环境中用钙还原氧化钒来生产金属钒。

钒是人体所需营养的重要组成部分，只是需求量比较小，可以从蘑菇、贝类、菠菜、全谷物、黑胡椒、莳萝籽和欧芹等食物中摄取。摄入适量的钒对糖尿病患者有益，因为它会增加患者的靶组织对胰岛素的敏感性。

# 铬与多彩的油漆颜料

| | |
|---|---|
| 24 | |
| **Cr** | |
| 52.00 | |
| 铬 | |
| chromium | |

---

原子序数：24 　　　类型：过渡金属 　　　沸点：2 671 ℃（4 480 °F）

发现时间：1798年 　　颜色：银色带蓝色调 　　熔点：1 857 ℃（3 374 °F）

早在1766年,有科学家对西伯利亚的红铅矿（又名铬铅矿）进行了分析，当时是以盐酸溶解红铅矿，溶液呈现美丽漂亮的绿色，于是发现了这种矿石中含有铅。1798年，法国化学家路易斯·沃奎林表示这种矿物中还含有一种新元素，因为它的化合物颜色美丽多变，所以他将这种元素命名为"铬"，这在希腊语中是"颜色"的意思。

沃奎林认为铬除了用于装饰以外没有其他用处，在某种程度上来说他是对的。在钢材和塑料家用配件的表面镀上一层铬（或铬化合物），可以使它们的表面更加光亮，例如一些经典的美国汽车和自行车。铬常用于合金或化合物中，钢和铬被合金化形成不锈钢，不锈钢会形成一层薄薄的保护氧化层，而不会像非合金钢那样容易生锈。

　　铬化合物为油漆颜料创造了多种颜色和色调。绿色的氧化铬、橙色的铬酸铅、黄色的铬酸钠、深绿色的氯化铬和紫色的三氯化铬让人眼花缭乱。铬黄就是铬酸铅，通常用作着色剂。美国儿童对铬黄尤其熟悉，因为传统的校车都涂上了这种颜色的油漆，这样在阴暗的环境中也很容易发现行驶的校车。现在的一些传统油漆因为含有铅和其他有毒物质而被更加环保的油漆取代。

　　铬在宝石的着色中也起着相当重要的作用。比如，刚玉和绿柱石是天然的无色氧化物，如果往其中加入微量的铬，就会得到红宝石和绿宝石。金绿宝石的转变更是非同寻常，在一种无色的铍铝酸盐中加入少量铬，它就会变成亚历山大石。这种宝石通过吸收不同波长的光，在不同的位置和照射条件下，可以呈现绿色、蓝色和红色等不同的颜色。变色越明显，越是上等珍品。

# 古老的黑色涂料—锰

| 25 |
|---|
| **Mn** |
| 54.94 |
| 锰 |
| manganese |

原子序数：25　　　类型：过渡金属　　　沸点：1 962 ℃（3 563 ℉）

发现时间：1774年　　颜色：银色　　　　熔点：1 244 ℃（2 271 ℉）

　　法国拉斯科（Lascaux）著名的洞穴壁画创作中，人类首次使用了锰化合物——二氧化锰，它在自然界以软锰矿的形式存在，是一种很好的黑色涂料。在古埃及，二氧化锰被用于去除玻璃上的绿色，因此它被称为"玻璃肥皂"。

　　在外观形态上，锰是一种脆硬的银色金属，常被用作合金的添加物。由它制成的锰钢，特性十分有趣：如果在钢中加入2.5%～3.5%的锰，那么所制得的低锰钢简直脆得像玻璃一样，一敲就碎；然而若加入13%以上的锰，制成高锰钢，那么就变得既坚硬又富有韧性。人们常用高锰钢制造铁路轨道、保险箱和监狱牢房。锰还可与饮料罐中的铝形成合金，以降低罐子的腐蚀风险。

　　在18世纪早期，人们认为锰中含有铁，但是经柏林玻璃制造商证明，这是不可能的。许多化学家试图将锰和铁分离，直到1774年，约翰·戈特利布·加恩（Johann Gottlieb Gahn）在瑞典实验成功。事实上，加恩可能输给了一名维也纳学生，因为这名学生早在那之前的几年就制取了锰金属，但当时并没有公布。

### 在海底滚动

你知道吗？海洋中竟然有数百万个含有高比例锰的结核！在一些地方，它们覆盖了海床的三分之二，某些海洋生物会带动这些结核一起在海底滚动。关于这些结核是如何形成的，科学家有很多推断，但都认为这些结核是经历了数百万年才形成的。矿业公司对这些结核很感兴趣，因为可以从海洋中获取它们。由于其开采成本很高，并且对环境有潜在的影响，所以他们并没有采取行动。

起初人们很容易将锰和镁弄混淆。这两种元素都是以希腊北部的马格尼西亚命名的。在以前的某段时期中，镁被称为白色氧化镁，而锰被称为黑色氧化镁。直到加恩的发现之后，这种混淆才得以消除。

锰是仅次于铁的含量第二丰富的过渡金属，出现在数百种矿物中，它还在光合作用和某些酶的形成中起着至关重要的作用。我们可以从坚果、麸皮、全麦谷物、欧芹等食物中摄取微量的锰元素，然而对英国人来说，他们可能更喜欢来一杯含锰的好茶。

26
**Fe**
55.85
铁
iron

# 形成地球磁场的铁

---

原子序数: 26　　　　类型: 过渡金属　　　　沸点: 2 861 ℃（5 182 ℉）

发现时间: 古代文明　　颜色: 银灰色　　　　熔点: 1 538 ℃（2 800 ℉）

---

　　铁是人类历史上最重要的金属之一，也是地球上含量（以总量计）最丰富的元素——部分原因是地球的核心主要由铁组成。在地球形成的过程中，随着尘埃和气体的漩涡的形成，地球逐渐从各种石质物积聚成一颗行星。最重的元素自然聚集在中心，铁最终形成了一个固态的内芯和一个熔化的液态外芯，是铁芯给地球带来了磁场——在地球的北部和南部都有磁极。地球磁场可以保护我们免受太阳风和宇宙辐射的损伤，让地球上的生命得以存续。

　　第一批铁制品可以追溯到古埃及时期，不过是亚洲的赫梯文明（现今的土耳其）发现了如何冶炼金属铁的方法，这使得铁在公元前1500年左右就成为一种常见的金属。在发现冶铁技术之后的几个世纪，赫梯人一直对此保密，但他们的帝国在公元前1200年被入侵，铁匠们带着技能四处流散，人类从而迎来了铁器时代。

铁可以被铸造、焊接或加工成各种各样的形式。在历史的各个阶段，人们尝试在铁中加入碳或其他金属一起冶炼，让它变得更坚固、有韧性。传说中的大马士革钢，其坚硬、防碎和锋利的程度令人惊讶，可能是因为它的原料矿石中含有钒。

17世纪，人们发现了关于铁更有效的生产方法，促进了"工业革命"的新技术迅猛发展，这种技术在1856年的贝塞麦工艺（一种大型钢铁生产铁方法）发明之后得到了进一步发展。之后铁就被用来制造从桥梁到船舶，从摩天大楼到汽车，从工具到纸夹的各种物品。

铁最大的缺点是它与空气接触时容易生锈。这个问题可以通过多种方式来解决，包括在铁（或钢）的表面涂覆锡或锌（也称为"镀锌"），或者将铁与镍合金化以使其耐腐蚀。

铁也是对人类生命至关重要的元素——它以多种形式存在于人体内，特别是储存在通过血液输送氧气的血红蛋白中。从饮食中摄入的铁不足会导致血液中的红细胞容量减少，也就是我们常说的贫血。贫血会使人感到疲倦和呼吸困难。我们可以从红肉、肝脏、某些干果、面包和鸡蛋等食物中摄取和补充铁。

# 蓝色妖精——钴

| 27 |
| :---: |
| **Co** |
| 58.93 |
| 钴 |
| cobalt |

---

| | | |
| :--- | :--- | :--- |
| 原子序数：27 | 类型：过渡金属 | 沸点：2 927 ℃（5 301 ℉） |
| 发现时间：1735年 | 颜色：银蓝色 | 熔点：1 495 ℃（2 723 ℉） |

钴被应用于着色工艺，可以追溯到四五千年以前，古埃及人用它来制造钴蓝色涂料和彩色项链。图坦卡蒙（公元前1361—前1352年为法老）墓中则藏有深蓝色玻璃物体，上面涂有含钴的矿物质。钴也被用来制作陶器釉。氯化钴呈蓝色或绿色，在与水结合时呈玫瑰红色。钴的一个有意思的应用是，通过将钴化合物与甘油一起溶解在水中可以制作隐形墨水——一种仅在纸张被加热后才出现的墨水。

钴本身不是天然存在的，只存在于矿物中，而且总是与其他过渡金属（特别是铜和镍）结合在一起，它主要是作为铜矿开采的副产品产生的。钴也存在于海底奇怪的锰结核中。钴还是维生素B12组成部分，在大多数情况下，钴以组成维生素B12的形式参与人体的生理过程。有种贫血症用叶酸、铁、B12治疗皆无效，但用大剂量的二氯化钴可治疗这类贫血症。

### 蓝色妖精

1735年，瑞士化学家乔格·勃兰特首次将钴分离出来，关于他是否只生产了一种铁化合物有一些争议，但最终他的发现得到了认可。他为该元素命名为cobalt（钴）——取自德语kobold，意思是"妖精"。这是因为17世纪的德国矿工憎恨含有这种金属的矿石，他们有时误以为它是银，因为钴的高熔点使它不容易提炼，但当加热时，它还会释放出有毒的砷烟雾，所以矿工们认为这是一个邪恶妖精的把戏。

在20世纪，钴已经有了一些重要的新应用。钴是具有磁性的三种过渡金属（还有铁和镍）中的一种。它不仅具有磁性，还是一种强度高、熔点高且非常坚硬的金属，所以钴可以用来合成耐磨度高的工具（例如钴头和锯）所需的合金。另外，由于它在高温下仍保持磁性，因此常用于高速电机部件的合金中。

# 镍做的小小硬币

| 28 |
|:--:|
| **Ni** |
| 58.69 |
| 镍 |
| nickel |

---

原子序数：28　　　　类型：过渡金属　　　沸点：2 912 ℃（5 274 °F）

发现时间：1751年　　颜色：银白色　　　熔点：1 455 ℃（2 651 °F）

　　除了铁，镍也是地球核心的最重要组成部分，它是以陨石的形式到达地球的。该元素的两个最重要的矿床，分别位于加拿大安大略省和英格兰萨德伯里附近，这些地区过去曾遭遇过陨石的袭击。

　　镍的化合物，在我们的饮食中起着微妙的作用：氢化植物油中含微量的镍，烤豆中含有丰富的镍。镍主要应用于生产合金：美国的5美分——又称为镍币，包含25%的镍和75%的铜（镍也存在于许多其他硬币中）；在烤面包机和电烤箱中有镍铬合金，这种合金即使在炽热的情况下也不会变形；镍、钢和铬的合金，可以制成不锈钢；铜镍合金可以用于海水淡化厂；莫雷尔是一种钢和镍的复合物，具有极强的抗腐蚀性，甚至可以暴露于破坏性气体氟中；由铝、镍和少量硼制成的超合金，密度小、耐高温，可用于制造火箭涡轮机和飞机。

镍（nickel）是以德国矿工发现的一种矿石——圣尼古拉斯铜（st nicholas's copper，也称为红砷镍矿）命名的。1751年，瑞典化学家阿克塞尔·弗雷德里克·克龙斯泰特成功地分离了镍，但几年之后科学界才发现这是一种新元素而不是合金。

| 29 |
| Cu |
| 63.55 |
| 铜 |
| copper |

# 铜的新时代

---

原子序数：29　　　类型：过渡金属　　　沸点：2 562 ℃（4 644 °F）

发现时间：古代文明　颜色：红橙色　　　熔点：1 085 ℃（1 985 °F）

　　铜是一种天然金属，这意味着它可以以单质或合金形式存在于自然界中，因此它是人类使用的首批金属之一。约7 000年前，人们学会了从硫化矿中冶炼铜；约6 000年前，铜开始被铸成各种形状，具有划时代意义的是青铜的出现——将锡与铜结合可炼成青铜，这是人类发明的第一种合金。这一发明始于公元前3 500年左右，标志着金属工具对石器工具的取代，人类正式进入青铜器时代。铜也曾被制成硬币，在市场上流通，不过它的价值小于金币和银币。

铜的化学符号为Cu，最早来源于古罗马时代，那时铜被称为aescyprius，意为"塞浦路斯的金属"，塞浦路斯是当时最大的铜矿所在地。后来这个名字在拉丁语中逐渐被引用为cuprum，在英语中逐渐被引用为copper。

铜呈独特的微红色，是一种耐寒金属。考古学家在吉萨挖掘出大金字塔时，他们发现了用作管道一部分的铜管，这些铜管今天仍然可以使用。铜也可用于制造电线（因为它具有良好的导热性和导电性，并且易拉伸）和建筑房屋（尤其是管道和屋顶），以及装饰艺术品。不过当铜制品发生氧化时，表面会被一层铜绿所覆盖；而像蓝铜矿或绿松石等矿物质呈绿色或蓝色，就是因为其中含有铜的化合物（尤其是铜盐），这些化合物曾被用来制造彩色颜料。

人体也需要微量的铜。一个有趣的现象是，大多数鱼和哺乳动物体内都含有一种铁复合物——血红蛋白，节肢动物和软体动物体内却没有。因此这些动物主要用铜络合物来生成血蓝蛋白，以代替血红蛋白。

# 世界遗产 —— 含锌屋顶

| 30 |
| --- |
| **Zn** |
| 65.41 |
| 锌 |
| zinc |

| | | |
| --- | --- | --- |
| 原子序数：30 | 类型：过渡金属 | 沸点：907 ℃（1 665 °F） |
| 发现时间：1746年 | 颜色：蓝白色 | 熔点：420 ℃（788 °F） |

　　确定一种元素被"发现"的时间可能会很棘手——有时候取的是它第一次被分离的日期，而有时候取的可能是它首次被发现或被识别的日期。比如罗马人使用的锌，考古学上证明它是在12世纪到16世纪之间在印度被提炼出的。历史学家则认为，锌元素最早是在1746年由德国化学家安德烈·亚斯马格拉夫发现的，但是佛兰德冶金家P.Moras de Respour曾在1668年便写过从氧化锌中提取锌的文章。

　　锌最常见的用途是镀在铁或钢的表面以防止其腐蚀，该用途是由路易吉·加尔瓦尼（因为使用电流使青蛙的腿抽搐而出名的科学家）发明的，通常的方法是热浸镀锌，即将铁或钢在短时间内浸泡在液态锌中，使其表面形成一层薄薄的锌层。

### 巴黎的屋顶 •

当奥斯曼男爵在19世纪对巴黎市进行翻修时，使用了含80％锌的合金来修建屋顶。美丽的银灰色屋顶已成为城市的标志性形象，激发着许多艺术家和电影制作人的创作灵感。它们近年来被公认为"无价的文化资产"，很可能纳入世界文化遗产名录。此外，它们还具有环保的优点——雨水从这些屋顶上滑过，不会吸收任何金属锌（与铅和其他重金属不同）。

锌也可与铜合金化合生成黄铜。黄铜用途广泛，可以制造门把手、拉链，当然还有管弦乐队中的铜管乐器等一系列物品。锌化合物还包括用于制造油漆和荧光灯的硫化锌，以及作为炉甘石洗剂主要成分的氧化锌。除了这些，锌也有很多其他用途。

31
**Ga**
69.72
镓
gallium

# 恶作剧的镓汤勺

| 原子序数：31 | 类型：后过渡金属 | 沸点：2 204 ℃（3 999 ℉） |
| --- | --- | --- |
| 发现时间：1875年 | 颜色：银白色 | 熔点：30 ℃（86 ℉） |

　　镓是门捷列夫预测的第一个"未知元素"——他曾预测会有一个元素填补铝下面的空白位置，并称其为eka-aluminum（准铝）。在那之后的5年之里，这个元素被找到了。法国科学家保罗·埃米尔·勒科克·布瓦博德兰在实验中发现，一块闪锌矿产生的光谱中有两根不寻常的紫色线条。他当时不知道门捷列夫的预测，并将这个元素分离出来，命名为镓（gallium在拉丁语中是"法国"的意思，不过也有可能取自他自己的名字，因为勒科克在法语中表示"公鸡"，在拉丁语中"公鸡"拼作gallus）。镓还存在于铝土矿等其他矿物中，但通常在制造金属（比如从铝土矿中提炼铝）时作为副产物生成。

　　有趣的是，你在手中就可以融化一块固体镓，它的熔点很低——

根据这个性质，一些科学家拿它来制作汤匙，当然这看上去像一个恶作剧，因为它会在搅拌茶或咖啡时融化。

相对于有毒的汞温度计，镓温度计更安全。镓有非常实用的半导体特性——砷化镓，比芯片中的传统硅半导体的传输速度更快。镓可以与大多数金属形成合金，尤其是在需要合成低熔点的合金时能派上用场。镓还有一些医学应用，例如放射性同位素镓67可用于诊断和定位癌症状况，而目前正在研究的新一代抗疟疾的药物中也使用了镓化合物。

# 传说能治病的锗石窟

| 32 |
| :---: |
| **Ge** |
| 72.64 |
| 锗 |
| germanium |

| | | |
| --- | --- | --- |
| 原子序数：32 | 类型：准金属 | 沸点：2 883 ℃（5 131 ℉） |
| 发现时间：1886年 | 颜色：灰白色 | 熔点：938 ℃（1 720 ℉） |

　　1885年，人们在德国弗赖贝格附近的一座银矿中发现了一种不寻常的矿物。矿物学家对该矿物进行了分析，结果发现其中含有75%的银和18%的硫，剩下的7%成分不明。他们认为这应该是一种新元素。这也是"未知元素"中的一个，门捷列夫在此之前将其命名为"准硅"，同时对它的性质推断特别准确：他对原子量的猜测几乎完全一致（猜测值72，实际值72.6），并且正确地预测出它呈灰色，以及具有高熔点。

### 一次奇迹的治愈 ⦁

　　锗化合物的医疗效果，曾经引起了人们疯狂的关注和宣传。

　　据说，卢尔德的石窟具有很高的锗含量，这可能是成千上万疾病患者被"治愈"的原因。锗当时还被认为可以治疗艾滋病、癌症和其他疾病，然而这些说法并没有科学依据。虽然锗是存在于食物中的微量元素（例如大蒜中），但人体摄入过多的锗会损害神经系统和肾脏。

最初，锗没有明显的金属用途，而且它的储量很少，在地壳中的含量不到百万分之七。然而在第二次世界大战期间，美国研究人员发现锗可以用作半导体——它显然跟金属的性质有所区别，这也是我们称它为"准金属"的一个原因。准金属是一个备受争议的群体，往往通过它们在同素异形体中的不同性质来识别。准金属在元素周期表中以对角线分组，从左上角的硼到右下角的钋。准金属通常包括硼、硅、锗、砷、锑和碲，有时也包括碳、铝、硒、钋和砹。后来锗在半导体中的应用被硅和其他元素取代，不过它现在又重新被用作太阳能电池板中的半导体。锗还可用于生产光纤电缆，因为其高折射率可以防止光线逃逸。

# 被称为"继承粉"的砷

33
**As**
74.92
砷
arsenic

| | | |
|---|---|---|
| 原子序数：33 | 类型：准金属 | 升华点：615 ℃（1 139 ℉） |
| 发现时间：古代文明 | 颜色：灰色 | 熔点：814 ℃（1 497 ℉） |

　　砷的化合物用途很广，比如被用来制造杀虫剂、着色剂、烟花，保护木材，制造动物饲料和制成治疗梅毒、癌症和牛皮癣的药物，还能与镓混合作为半导体使用。

　　然而，砷在历史上曾经是"毒药"的代名词。

　　1836年，人们终于能够通过分析头发的样本来检测砷的存在。在这之前的几个世纪，如果受害者遭遇砷中毒，无论是大剂量还是慢性中毒，都几乎不可能被检测出来。

　　砷被称为"继承粉"，因为它经常被用来"铲除富有的亲戚"。博尔吉亚人因用砷来积累财富而臭名昭著，教皇亚历山大六世和他的两个孩子塞萨尔和卢克雷蒂亚就谋杀了许多富有的主教，之后继承了他们的财产。

## 炼金术魔法

炼金术士经常被当作疯狂的魔术师，他们还怀有关于黄金的奇怪信念。

其实他们可以说是最早期的化学家，他们努力去理解世界是由什么构成的——如果你知道通过令人惊讶的工艺能够生产多少金属或金属物质时，也许就会理解他们的信念来自何处。13世纪的博学家阿尔伯特斯·马格纳斯的著作中描述道，白色砷（看起来像白色岩石或砂质粉末）与橄榄油一起加热，最后产生了灰色金属形状的砷，就像是变魔法一样！

古埃及人知道砷的一种黄色硫化物晶体，叫作"雌黄"。中国人至少在500年前就将砷用作杀虫剂，而帕拉塞尔苏斯（炼金术士，也被称为现代毒理学之父）曾经也提到了金属砷的制备方法。

雌黄在历史上曾被制成一种油漆，叫作巴黎绿或舍勒绿。拿破仑·波拿巴在最后一次流亡期间，他在圣赫勒拿岛上的公寓的壁纸上就刷着这种油漆，当壁纸变得潮湿或发霉时会释放出砷气体，据说这可能是他死亡的原因。

砷主要是精炼铜或铅的过程中产生的副产物，并且以多种形式存在。

灰砷是一种易碎的半金属固体，具有金属光泽，有时以单质形式存在。砷通常被氧化形成氧化砷，在这一过程中会散发出一种令人不快的大蒜味。这个气味可能是一个警示信号——在有人死亡的侦破案件中，在更精准的检验开始之前，若闻到这样的气味，侦探们往往就会依此猜测这人死于砷中毒。

# 太多太少都遭罪——硒

| 34 |
| :---: |
| **Se** |
| 78.96 |
| 硒 |
| selenium |

---

| | | |
| :--- | :--- | :--- |
| 原子序数：34 | 类型：非金属 | 沸点：685 ℃（1 265 ℉） |
| 发现时间：1817年 | 颜色：金属灰色 | 熔点：221 ℃（430 ℉） |

有许多元素是人类饮食的重要组成部分，但是大剂量食用又会引起中毒，硒就是其中之一。它对人体内某些酶的生成至关重要，我们可以从多种食物中摄取它。最近的临床实验表明，硒摄取不足会导致男性精子数量下降，给予硒补充剂的受试者其精子数量明显高于对照组。如果大剂量摄入硒，会导致口臭、脱发、指甲脆弱易断、神思恍惚，甚至导致肝硬化。

硫化硒能杀死导致头屑的头皮真菌，所以可以在安全剂量下将其添加到去屑洗发水中。

1817年，雅各布·贝泽利乌斯发现了硒。他在研究一种在制作硫酸过程中沉淀下来的红色粉末时，最初把它误认为是碲，后来他意识到这种粉末中应该含有一种新元素，就以Selene——"月亮女神"塞琳娜的名字给它命名。贝泽利乌斯还发现硒比较令人讨厌的一点是，硒会引起口臭，因为他自己在接触硒之后就受到了影响！硒也可以以银色金属物质的形式存在，这使得一些化学家将其定义为一种准金属物质。

**不要在家里尝试**

雅各布·贝泽利乌斯在研究过程中，忽略了一些危险的常识。实际上，许多突破性实验是他在尼布罗加坦和斯德哥尔摩里达加坦的公寓厨房里完成的。但我们一定不要轻易在家里尝试。

硒现在的主要用途是用作玻璃添加剂。根据添加方式的不同，它可以去除玻璃中的绿色色调，或者给玻璃添加浅青铜色。硒的各种化合物可用于制造光伏电池、太阳能电池和复印机，并且与黄铜结合可以用于制造管道，硒还可以作为硫化剂来增强橡胶的耐磨性。

# 紫色毒气——溴

| 35 |
| Br |
| 79.90 |
| 溴 |
| bromine |

---

原子序数：35　　　　类型：卤素　　　　沸点：59 ℃（138 °F）

发现时间：1826年　　颜色：深红色　　熔点：-7 ℃（19 °F）

---

　　溴是在常压下可以呈液态的几种元素之一。溴是深红色油状的有毒物质，有难闻的气味。1826年，安托万-杰罗姆·巴拉德发现了溴。他取了一些盐水，蒸发掉大部分液体，然后通入氯气，结果母液变成了一种橙红色液体，巴拉德由此猜测里面含有一种未被发现的元素。他产生这一猜测，是因为盐水（特别是死海的盐水）中含有溴化物。

　　几十年前，溴的应用很广泛——摄影中使用了溴化银的光敏特性，溴化钾用作镇静剂，含铅汽油中含有二溴甲烷，溴甲烷（也称为甲基溴）用于熏蒸土壤。尽管现在已经有更好的替代品替代它们了，甚至关于溴的一些用途已经被禁止——禁止使用氟氯化碳的蒙特利尔议定书也要求减少使用溴类化合物，因为溴会破坏大气层。由于很难找到溴甲烷的替代品，许多地方仍然用溴甲烷来杀死土壤中的害虫，以及处理运输途中的木材。溴化合物也被广泛用作塑料外壳中的阻燃剂，例如笔记本电脑和灭火器中就有含溴的阻燃物。

## 皇权

骨螺紫——从一种叫染料骨螺的海蜗牛分泌的黏液中提炼的染料，曾经是财富和权力的象征。这种鲜艳的染料生产成本高昂，因为从成千上万只蜗牛的黏液中才能提炼出一点点。罗马皇帝穿着的华丽的紫色长袍就使用了这种染料，这就是"穿上紫色"这句话的起源，它代表着"皇权"。

# 超人的复仇女神——氪石

| | |
|---|---|
| 36 | |
| **Kr** | |
| 83.80 | |
| 氪 | |
| krypton | |

---

| | | |
|---|---|---|
| 原子序数：36 | 类型：惰性气体 | 沸点：-153 ℃（-244 ℉） |
| 发现时间：1898年 | 颜色：无色 | 熔点：-157 ℃（-251 ℉） |

　　威廉·拉姆齐和莫里斯·特拉弗斯在1898年发现霓虹灯之前，曾于同一年确定了惰性气体的第4个成员——氪。他们液化并蒸发氩气，以确定是否会留下更重的成分，结果从15升氩气中得到了2毫升的残余气体。光谱仪测试证明，残余气体中确实含有一种新元素。他们以希腊语kryptos给该元素命名，意思是"隐藏"，因为氪一直隐藏在氩气中。

　　氪是一种无色无味的气体，不会与氟以外的任何元素发生反应。氪只占地球大气层的百万分之一（按体积计算）。氪气可用于填充节能荧光灯泡以及"霓虹灯"，以丰富灯的颜色种类。目前二氟化氪已用于激光器的生产。

**发现氪石**

在2006年的电影《超人归来》中，氪石（超人的复仇女神）的配方为"含氟钠锂硼硅酸盐氢氧化物"。一年后被发现的某种矿石成分与此非常接近，科学家们纷纷宣称找到了真正的氪石，进而引起了广大媒体的关注。后来经科学家们研究发现，这种新矿石中不含氟，并且确定其不会发出奇怪的绿光。

在冷战期间，放射性同位素Kr85被资本主义阵营的科学家用来监视对手。因为同位素由核反应堆以某个恒定的速率产生，他们认为通过估算西方核电厂产生的这种同位素的数量，并从大气中可测量的总量中减去该数量，就可以推断出那些以苏联、华沙条约组织为主的社会主义阵营国家的核活动水平。

当然，氪是"氪星"背后的灵感来源，而氪星是《超人》的虚构家园，原版DC漫画以及许多电影和漫画都围绕它展开。

# 超级活泼的铷

| 37 |
| :---: |
| **Rb** |
| 85.47 |
| 铷 |
| rubidium |

---

原子序数：37 　　　类型：碱金属 　　　沸点：688 ℃（1 270 °F）

发现时间：1861年 　　颜色：银白色 　　熔点：39 ℃（102 °F）

---

周期表中，最右侧的一列——惰性气体的反应活性很低，与之相对应的最左侧的一列碱金属，其反应活性很高，且质地软、熔点较低。锂或钠在乙醇中会发生剧烈反应，但铷（在相对较低的温度下变成液体）与乙醇的反应更剧烈，从乙醇中释放的氢经常会被点燃，瞬间引发爆炸，因此铷必须储存在真空或氩气等气体中。

铷这种碱金属有几个非常有趣的应用：铷的同位素之一是具有放射性的铷87，其半衰期为500亿年。自宇宙大爆炸到现在大约只有140亿年，因此这是一个非常缓慢的衰变过程。铷87在衰变过程中形成锶87，这意味着可以通过分光计来比较铷和锶的含量，利用该性质可精确测定古岩石的年龄。

### 本生灯和分光镜

本生灯和分光镜这两种先进的科学仪器有什么共同点？答案是——罗伯特·本森。罗伯特·本森发明了本生灯，并且在1859年与古斯塔夫·基尔霍夫合作共同发明了分光镜，分光镜被用来识别新元素。从1861年开始，他们就用分光镜来鉴定铯和铷。铷是于1861年在矿物锂云母中发现的，并以拉丁语rubidus（红宝石）命名，因为在锂云母的光谱中出现了明亮的红宝石色线条。

铷（同铯）被应用于制造原子钟，当电子围绕原子并发出辐射脉冲时，电子的活动与微波辐射对齐。铷不会天然存在于人体内，但它是无害的，因为我们可以很容易地将它排泄出来。它常常被用来研究钾在人体内的传输方式（因为我们的身体用同样的方式对待钾和铷）。放射性同位素铷82也可被用来定位脑瘤。

# 让火焰变红色的锶元素

38
**Sr**
87.62
锶
strontium

原子序数：38　　　类型：碱土金属　　　沸点：1 382 ℃（2 520 ℉）
发现时间：1790年　　颜色：银灰色　　　熔点：777 ℃（1 431 ℉）

　　18世纪后期，在位于苏格兰西部高地的苏纳特湖边的斯特龙蒂安村附近的一个铅矿中，人们发现了一块奇怪的岩石。这块岩石后来被送到爱丁堡进行分析，科学家托马斯·查尔斯·霍普证明它肯定含有一种新的元素，并称这种新元素可以使蜡烛的火焰呈现红色。锶，是在1808年由汉弗莱·戴维分离出来并命名的。

　　你可能最熟悉锶的红色火焰——在足球场经常看到的红色耀斑就是用锶来着色的，红色烟花中也加入了锶。作为一种金属，锶和第2族的其他元素（包括铍、镁和钙）的性质相似，质地柔软，容易被氧化。锶在自然界中只能以矿物质的形式存在，天青石（主要成分为硫酸锶）就是其中的一种，它是18世纪在英格兰西部国家发现的（当地村民将其作为花园小径的观赏砾石）。

自1945年开始，核试验中产生了放射性同位素锶90，这是一种有"问题"的同位素，因为它若存在在土壤里，植物在生长的过程中就会吸收土壤里的锶90；而有问题的植物又被奶牛吃掉，进入到奶牛的身体，进而产生有问题的牛奶；最终有问题的牛奶被制成奶制品成为我们的食物，而我们的身体会将它误认为是钙，于是将其收集到骨骼和牙齿中。同位素锶90是1986年切尔诺贝利事故中释放的有害物质之一，并在俄罗斯和欧洲部分地区蔓延。

锶与钙的相似性也使它具有良好的医学用途：在癌症治疗中，锶被作为放射性示踪剂（跟踪细胞运动和体内的其他过程）；非放射性盐——雷奈酸锶，可以用于治疗骨质疏松症，因为它可以减缓旧骨组织的分解并刺激新骨组织生成。

# 月球带回来的钇元素

<table>
<tr><td>39</td></tr>
<tr><td>Y</td></tr>
<tr><td>88.91</td></tr>
<tr><td>钇</td></tr>
<tr><td>yttrium</td></tr>
</table>

| | | |
|---|---|---|
| 原子序数：39 | 类型：过渡金属 | 沸点：3 336 ℃（6 037 ℉） |
| 发现时间：1828年 | 颜色：银白色 | 熔点：1 526 ℃（2 279 ℉） |

　　伊特必是瑞典雷萨岛上的一个村庄，现在大部分是郊区住宅（从斯德哥尔摩到这里大约有半个小时的路程）。然而，这个地方曾经是该国最具生产力的矿山所在地，主要生产长石（用于生产瓷器）和石英。同时，这里也是以其地名命名元素最多的地方。

　　1787年，卡尔·阿克塞尔·阿伦尼乌斯（士兵和业余化学家）发现了一块黑色矿石，看起来相当普通，但异常沉重，后来被命名为"硅铍钇矿"。瑞典化学家约翰·加多林确定，这种矿石中占到其重量38%的是一种新的"泥土"（也就是说它是一种未知的氧化物），将其用木炭（或者使用一些其他传统方法）加热后也没能进一步还原。

　　直到1828年，弗里德里希·沃勒进一步用钾来跟该氧化物发生更剧烈的反应，才成功地分离出氧，提取出纯钇。事实证明，钇这个元素在月球上比地球更常见——宇航员从月球带回的岩石中含有大量的钇元素。另外，在硅铍钇矿中还有另外三种未知元素。

钇是一种柔软的银色金属，因为它在空气中会燃烧，所以必须小心处理，通常将其保存在氮气中。将钇融入铝和镁的合金，可以增加它们的强度。氧化钇和氧化铁结合形成的晶体用于制造雷达技术的微波过滤器，以及LED照明和激光。将氧化钇添加到玻璃中，可使其更耐热和耐冲击，这一性质在防弹玻璃中就有所使用。目前科学界对钇钡铜氧化物——YBCO仍在积极探索的过程中。

在20世纪80年代，两位美国化学家表明，钇在-178 ℃的异常低温条件下会变成超导体，这意味着它将导电而不会损失能量。理论上，这能够制造出更便宜的MRI扫描仪，因为可以使用液氮（而不是更昂贵的液氦）来保持YBCO的超导体状态，但是目前这项技术仍然存在许多难以解决的问题。

# 以假乱真的钻石——锆石

| 40 |
|---|
| **Zr** |
| 91.22 |
| 锆 |
| zirconium |

| | | |
|---|---|---|
| 原子序数：40 | 类型：过渡金属 | 沸点：4 409 ℃（7 968 ℉） |
| 发现时间：1789年 | 颜色：多种 | 熔点：1 855 ℃（3 371 ℉） |

　　锆石是一种硅酸盐矿物，自发现以来已经有两千多年的历史了，它在阿拉伯语中叫扎尔根。锆石是提炼金属锆的主要矿石，具有透明或半透明质地，呈金色、红色、蓝色、绿色，以及透明无色等。

　　最开始锆石被发现时，人们误认为它是劣质钻石。直到1789年，马丁·克拉普罗斯尝试从这种石头中分离出氧化物，才发现它跟钻石并不是同一种物质。现在，"人造锆石"已经被制造出来，它比钻石更明亮、更致密，但是没有钻石那么坚硬。

　　1824年，贝泽利乌斯从锆石中成功分离出一些金属锆，其呈银色，具有坚硬、轻盈、耐腐蚀的性质。如果把锆石的锉屑放进本生灯的火焰中，会出现相当漂亮的火花，就像老师在学校给你展示的铁屑实验一样壮观。

在陶瓷工业中，氧化锆被添加在颜料中给陶器上釉，更重要的是加入氧化锆可以让陶瓷耐高温。这些超强陶瓷还可用于制造高尔夫铁杆、刀具及其他切割工具。用氧化锆制成的坩埚，即使在红热的时候被浸入冷水中，也不会损坏。此外，氧化锆还用于化妆品、除臭剂和微波过滤器的工业生产中。

在军工上，锆具有广泛的用途。制钢时只要加入少量锆，就能明显提升钢材的硬度和强度。作为不吸收中子的金属，它还被用于核反应堆包壳材料。

但是在核事故中，锆可能扮演了一个不幸的角色：在高温下，金属锆与蒸汽反应，产生氢气（易爆炸）和氧化锆（导致之前包含在其中的燃料棒坍塌）——这是1986年"切尔诺贝利事故"的部分原因。当时由于反应器的温度达到极限，使锆反应陷入一个恶性循环，导致温度失控，最终引发了这场震惊世界的灾难。

# 过去的灯丝——铌

| 41 |
|---|
| **Nb** |
| 92.91 |
| 铌 |
| niobium |

---

原子序数：41　　　　类型：过渡金属　　　　沸点：4 744 ℃（8 571 ℉）

发现时间：1801年　　颜色：暗灰色　　　　熔点：2 477 ℃（4 491 ℉）

---

　　如果细心观察，我们会发现在某个特定时期，新元素的发现速度变快了。元素周期表的出版促使化学家们纷纷开始寻找"缺失的元素"。早在18世纪末到19世纪初这段时间，受约翰·道尔顿受拉瓦锡的质量守恒定律（1789年）和普鲁斯特定律（1799年）的启发而提出原子论时，科学家们激起了对"元素"的兴趣。

　　在各种因素的推动下，新元素——铌被发现了。

　　1801年，化学家查尔斯·哈切特开始研究大英博物馆里的一种"钶铁矿"的标本。他通过实验确认这个标本中含有一种新元素，并将其命名为钶（铌的旧称）。

　　第二年又有人发现了钽，由于钶和钽的性质非常相似，且它们很难分离，因此有人质疑哈切特的发现，认为它们其实是同一种元素，即钶就是钽。

直到1844年，德国化学家海因里希·罗斯证明了钶铁矿中包含两种元素（钽和铌），他把钶重新命名为铌，其中铌的名字取自希腊神话中坦塔罗斯的公主尼奥贝的名字。1864年，纯铌被分离出来。

关于这种新元素的名称，欧美的科学家们当时产生了分歧，美国科学家认为应继续使用"钶"，而欧洲科学家则使用"铌"。直到1949年，关于该元素名称的分歧才得以解决，当时达成了一项协议——使用"铌"作为第41号元素的正式名称。其实当今美国一些科学家仍坚持使用"钶"这个名称。

铌是一种非常坚固的灰色金属，具有很强的耐腐蚀性。铌在合金上有许多应用，它是不锈钢中的重要合金元素，能够有效提高合金的强度和耐蚀性。铌在火箭和喷气发动机、石油钻井平台和天然气管道上也都有广泛应用。

日常生活中，铌的一项重要应用后来被钨替代了：由于铌的熔点很高，它是最早被用来制造白炽灯泡灯丝的金属，但很快被熔点更高的钨取代。

# 坦克的铠甲——钼钢合金

42
**Mo**
95.94
钼
molybdenum

原子序数：42　　　类型：过渡金属　　　沸点：4 639 ℃（8 382 °F）

发现时间：1781年　　颜色：银白色　　　熔点：2 623 ℃（4 753 °F）

　　钼这种元素，虽然很多人不太了解，但它在我们生活中却有着至关重要的作用。它是生物体内必不可少的微量元素。

　　钼是固氮酶的主要成分之一，这种酶存在于一些植物根部的固氮菌中。这种固氮菌能有效固定空气中的氮，把植物无法吸收的氮气转化成氮肥，供植物享用。在这个过程中，氮被转化成人类和动物可以消化的形式，而氮是合成蛋白质的主要来源。因此，在缺少微量元素钼的环境中，生物是无法生存的。

　　除了生物领域外，金属钼在工业领域中也有广泛的应用。比如钼钢合金，添加了钼的钢合金能够提高钢的强度和韧性，以及耐蚀性和耐热性。

　　在第一次世界大战中，最早部署在西线的英国坦克，其装甲板使用的是3英寸（1英寸≈2.5厘米）厚的锰钢板，不能承受直接撞击，之后被替换成钼钢板——它只有1英寸厚，强度却比锰钢板高得多。

　　钼钢也被用于各种机械设备和现代建筑。

　　钼还被应用于电热丝、保护性锅炉涂层和导弹的制造，以及用作精炼石油的催化剂。硫化钼是润滑剂的主要成分，比WD40等石油基润滑油更耐热。

　　钼的名称来自希腊语molybdos，意思是"铅"。在自然界中没有钼的单质，它的主要矿石辉钼矿经常被误认为是铅矿石或石墨，因为它们非常相似。

　　1778年，卡尔·威廉·谢勒推断这种元素既不是铅也不是石墨。他的朋友彼得·雅各布·哈耶姆延续了他的研究，成功地分离出一种闪亮的银色金属。1781年，他使用了一种看起来像炼金术的方法，把钼酸和碳混合，倒入亚麻籽油后加热，当混合物被持续加热至红热状态时，可以从中分离出金属钼。

# 首个"人造"元素——锝

| 43 |
| :---: |
| **Tc** |
| 97.91 |
| 锝 |
| technetium |

---

原子序数：43　　　类型：过渡金属　　　沸点：4 265 ℃（7 709 °F）

发现时间：1937年　　颜色：银灰色　　　熔点：2 157 ℃（3 915 °F）

　　这就是门捷列夫最初预测的4个未知元素中的最后一个。在发现了钪、镓和锗之后，科学家们做了许多不同的尝试，来鉴定和分离这个被门捷列夫称为"类锰"的、神秘的43号元素，但这一切都失败了。直到1937年，意大利西西里巴勒莫大学的科学家佩里尔和西格意外地发现了这个元素——锝。西格参观了美国伯克利的粒子加速器，它的发明者欧内斯特·劳伦斯当时送了他一块钼箔，之后佩里尔和西格在回旋加速器中用氘核（氘原子核中含有一个质子和一个中子）轰击钼，得到了新元素锝。

　　接着他们又设法分离出了锝的两种放射性同位素。这是一个有争议的发现，因为以这种方式"人造"的新元素在当时被视为一种"作弊"

行为，而且这个元素当时也没有被大家认可。我们现在知道，锝的所有同位素都是放射性的，这是因为它们主要是在恒星的核反应中形成的（其相对较短的半衰期意味着地球形成时存在的所有锝早就衰变消失了）。

随着第二次世界大战期间亚原子物理学的发展，以及另一个事实的存在——钚元素同样是人造的，导致科学界对锝元素改变了以往的看法。其中F.A.帕内思教授的《制造缺失的化学元素》，这篇至关重要的论文说服了当时的科学界：不应该区别对待人造元素和自然元素。此外，他认为还应允许元素的同位素的命名由其原始发现者决定。佩里尔和西格很快做出了回应，建议给他们发现的新元素命名"锝"（取自希腊语，"人造"的意思）。最终，锝被承认是真正的元素。

具有讽刺意味的是，1972年人类发现了锝的自然保护区——地质学家发现，非洲加蓬的铀矿床内在很久很久以前就发生过核反应，并且仍有少量锝存在。

今天生产的锝是从废核燃料棒中收集而来的。锝99主要用于医学成像，这种锝的同位素可与癌细胞结合，因此可以用来确定体内肿瘤的位置。

# 金笔尖上的钌

| 44 |
| :-: |
| **Ru** |
| 101.1 |
| 钌 |
| ruthenium |

---

原子序数: 44　　　　类型: 过渡金属　　　　沸点: 4 150 ℃（7 502 °F）

发现时间: 1844年　　颜色: 银灰色　　　　熔点: 2 334 ℃（4 233 °F）

　　钌是一种呈银灰色光泽的稀有金属，是铂系金属中的一员，与其他铂系金属一起存在于诸如镍黄铁矿和焦毒素矿这样的矿物中。6种铂系金属分别是钌、铑、钯、锇、铱和铂，它们在周期表中呈矩形组，性质相似。

　　钌是铂系金属中最稀有的一种，主要与镍或铂一起开采，每年仅能开采约12吨。

　　钌最早可能发现于1808年，波兰化学家J·泽伊·尼亚德基当时声称在南美铂矿石中发现了一种新的金属，并命名为vestium。后来别的科学家重复他的研究，却没有发现这种金属，于是他撤回了自己的声明。

　　1825年，德国化学家戈特弗里德·奥桑声称在乌拉尔的铂矿石中发现了三种新元素，并依次命名为pluranium, polinium 和ruthenium（钌）。后来证明，前两个元素是他弄错了。1844年，喀山大学的卡尔·卡洛维奇·克劳斯重新验证奥桑的研究工作，证实了钌的存在，并保留了奥桑当时为该元素取的名字。

　　纯金属钌用途很少，但将它和其他金属作为合金使用则非常广泛。

　　在铂和钯中加入钌，可以提高金属的硬度，以此来制造电接触合金以及硬质合金，还常被用于制作珠宝首饰。钌和其他金属如铑、铱、铋等制成的合金或化合物，还可用来制造电阻、太阳能电池、电接触点，或用于催化剂中，等等。其中著名的派克51钢笔的金笔尖上就使用了钌铱合金。

# 环保小能手——铑

| | |
|---|---|
| 45 | |
| **Rh** | |
| 102.9 | |
| 铑 | |
| rhodium | |

| | | |
|---|---|---|
| 原子序数：45 | 类型：过渡金属 | 沸点：3 695 ℃（6 683 °F） |
| 发现时间：1803年 | 颜色：银白色 | 熔点：1 964 ℃（3 567 °F） |

如果没有铑这种稀有的非放射性元素，我们的城市受废气污染的情况会更加严重。

汽车的催化转化器经过各种氧化和还原过程，可以将发动机排放的一氧化碳、碳氢化合物和氮氧化合物这三种有毒气体和污染物转化成无害的水、二氧化碳和氮气。

转化器中的催化剂中含有钯、铂和铑等稀有金属，在将高含量的氮氧化物转化为无害气体的过程中，铑起着至关重要的作用。

1803年，威廉·渥拉斯顿发现了铑。他与史密森·特南特合作，试图净化铂金然后出售。他们将金属铂溶解在王水（硝酸与盐酸的混合物）中，但王水并没有完全溶解铂，而是留下了少许残渣。

特南特研究了这些残渣，并从中提取出了锇和铱，而渥拉斯顿则研究铂的溶液。他通过沉淀法去除溶液中的铂和钯，得到了一些美丽的玫瑰红色的晶体——氯铑酸钠。之后他从晶体中分离出了新的金属，并取名为铑（rhodium）。这个名称来自希腊语rhodon，玫瑰红的意思。

铑用于制造铂合金热电偶、光纤的涂层、电接触材料。另外，就像在催化转化器中发挥作用一样，它还被用来当作各种化学工业中的催化剂。比如，人工合成薄荷脑的过程中可以使用铑作为催化剂。

### 绿色化学

获得诺贝尔奖的日本化学家野依良治发明了一种依靠铑催化生产高质量薄荷醇的工艺。这是一项鼓舞人心的发明，表明了化学家是如何对世界产生积极影响的。野依良治是绿色化学的倡导者，主张设计可持续产品和工艺，最大限度地减少有害物质的产生。他当时在一篇文章中阐述了这样一个观点：简单实用的化学工艺，对于人类的生存是必不可少的。

# 白色K金——钯

<table>
<tr><td>46</td></tr>
<tr><td>**Pd**</td></tr>
<tr><td>106.4</td></tr>
<tr><td>钯</td></tr>
<tr><td>palladium</td></tr>
</table>

| | | |
|---|---|---|
| 原子序数: 46 | 类型: 过渡金属 | 沸点: 2 963 ℃（5 365 °F） |
| 发现时间: 1803年 | 颜色: 银白色 | 熔点: 1 555 ℃（2 831 °F） |

18世纪的拉齐亚矿工偶然发现了一种矿物，这种矿物当时被称为"毫无价值的黄金"，其实这是一种天然存在的金和钯的合金。

1803年，威廉·渥拉斯顿从金属铂中提取出铑，同时也得到了大量的钯。他并没有马上向科学界公布他的发现，而是把这种金属放在索霍州杰拉德街的一家首饰店里出售，售价为每个样品5先令，正式商品每个0.5几尼（1几尼＝21先令）或1几尼，还写了一本宣传册赞美它。在宣传册里，他给这种金属取名为palladium（钯），源自希腊神话中的智慧女神巴拉斯Pallas。

之后有其他化学家质疑这种金属仅是一种铂合金，渥拉斯顿这才正式公布了自己的发现。

跟铑一样，钯也被用于汽车的催化转化器中。钯能有效地减少汽车尾气中未燃烧或部分燃烧的碳氢化物的排放。钯也广泛应用于电子工业中，例如陶瓷电容器（由薄层陶瓷和钯构成）的生产。在珠宝行业，K金首饰是一种非常受欢迎的饰品。K金通常由金和钯的合金制成，在金中添加钯可以增加金饰的硬度，并且由于钯的含量不同，金饰呈现从金色到银色等不同的颜色。

钯曾被多次认为可以解决能源问题。1989年，美国科学家马丁·弗莱什曼和斯坦利·庞斯声称他们可以用铂阳极和钯阴极电解重水，并通过核聚变反应产生能量。如果成功，这将是一个惊人的突破性实验，但很可惜最后以失败告终。

从理论上讲，钯可以解决大规模储氢（燃料电池）的问题。钯有一种特别的性质，能够吸收大量氢气（就像海绵吸水一样），使氢原子附着在金属原子表面，常温下1体积金属钯可以吸收900～1 000体积的氢气。由于钯的价格昂贵，使得这种操作不可能大规模实现。如果能制造出一种更便宜的钯合金产品，其性能与之类似（作为一种"氢海绵"），那么它在未来将非常有用。

# 命运多变的银

| 47 |
| --- |
| **Ag** |
| 107.9 |
| 银 |
| silver |

---

原子序数：47　　　　类型：过渡金属　　熔点：962 ℃（1 764 ℉）

发现时间：远古时期　　颜色：银色　　　沸点：2 162 ℃（3 924 ℉）

---

　　银是一种天然的金属，在自然界中可以以单质的形式存在。这种漂亮的有光泽的金属，已经有1万年或更久的历史了。

　　大约在公元前3 000年，迦勒底人用"灰吹法"首次从古土耳其和希腊地区的矿石中提取出了这种物质。"灰吹法"是一种将熔融金属矿石（例如，含有铅锌、铜或铜镍的矿石）放在吹气的杯子中加热的方法，可氧化其他更多的活性金属并隔离熔融银。

　　银从这个时候起就被用来制作硬币和奢侈品，通常我们可以通过添加铜或其他金属的方式来提升银的硬度。跟金不同的是，银在空气中会逐渐变暗而失去光泽，还会与硫反应生成黑灰色的硫化银，所以必须定期抛光银的表面。尽管如此，银仍然受到人们的喜爱。

　　爱美的人都喜欢照镜子。由于银能反射光线，它曾被用来制作镜子的背面，现在镜子的背面多使用更便宜的铝。

　　1727年，德国科学家约翰·海因里希·舒尔茨用粉笔和硝酸银混合制成了一种泥浆，他发现这种泥浆被光照后会变黑。在用模板制作图像之后，他确认了含银化合物的光敏特性——在光照的影响下，混合物表面离子的分离和结合会形成更暗和更亮的区域。舒尔茨无法修复和保留这张图片，因此他的实验并未跟摄影联系起来。

　　直到1840年，英国的亨利·塔尔博特才发现了将图像留在纸上的方法：在纸上涂碘化银，再用棓酸浸泡使图像显现。他被人们尊称为"摄影之父"。

　　当然，现代的摄影依赖数字化技术不需要原始的化学过程，但我们仍值得花一点时间来欣赏当时的神奇发现。

　　直到今天，我们依然在探索银的新用途。比如，你可以戴着手指缝有银线的手套来滑动浏览手机，这样就不会冻伤你的手了。

# 画家最喜欢的颜料——镉

48
**Cd**
112.4
镉
cadmium

---

原子序数：48　　　　类型：过渡金属　　　熔点：321 ℃（610 ℉）

发现时间：1817年　　颜色：银蓝色　　　沸点：767 ℃（1 413 ℉）

　　镉是一种有毒物质，会导致先天缺陷和癌症。日本人称镉为"itai-itai"的疾病（因为由它引起的关节疼痛的人会发出"哎哟"的声音）。

　　人体本身有抗镉中毒的能力，但当镉超过某个临界值可能会非常危险。

　　镉与其同族元素汞和锌相比，在性质上与它们有许多相似之处。

　　1817年，德国药剂师通过加热天然碳酸锌制造氧化锌的时候发现，得到的氧化物有时会变色，而不是纯白的。弗里德里希·施特罗迈尔当时是药店的质检员，经过研究，他分离出了一种棕色的氧化物，然后他将该棕氧化物与炭一起加热将其还原成新的金属。

　　镉的最主要用途是在电池行业中，尤其是镍镉电池。早期的彩色电视机中的旧电池和阴极射线管中就含有镉。镉能吸收中子，也被用于核反应堆。重型机械的许多部件，如石油平台中都含有镉。

镉还有个重要的用途是制造颜料，如镉黄（莫奈最喜欢的颜料之一），也可以添加硫或硒等其他物质来制成其他颜料，如镉棕、镉红、镉橙等。另外，硫化镉还被用来给砂锅染上橘红色。

目前在大多数领域中，我们已经尽可能用其他元素替代这种有毒元素。比如现在的笔记本电脑和手机上的镍镉电池已经逐渐被锂离子电池取代。如果人们不能安全地处理镍镉电池，而是将其随手乱扔，这会导致环境污染。

# 爱"哭"的铟

| 49 |
| --- |
| **In** |
| 114.8 |
| 铟 |
| indium |

| | | |
| --- | --- | --- |
| 原子序数：49 | 类型：后过渡金属 | 熔点：157 ℃（314 °F） |
| 发现时间：1863年 | 颜色：银灰色 | 沸点：2 072 ℃（3 762 °F） |

铟是一种稀有金属，在地壳中的含量约为十万分之一且较为分散，未曾发现过富矿，仅在其他金属中作为杂质存在。

1924年，全球的铟产量仅有几克，那时铟还没有什么用途。现在铟的用途越来越广，每年的使用量已超过1 000 吨（其中一半来自于资源回收）。有人预测，铟的供应可能在未来10年耗尽，当然这是危言耸听。

铟是一种柔软的、银白色的金属，黏性较好（可用作焊接材料，能紧紧地附着在其他金属上），因此被广泛应用于高科技领域。当你折弯一块铟金属时，它会发出"吱吱吱"的爆裂声，那是来自金属晶体内原子重排的声音。

　　铟可耐低温，因此被用于低温泵和在接近绝对零度的温度下使用的设备中。在其他金属中加入铟制成合金，可以有效改善其性质，例如在黄金中加入少量铟可提高硬度。化合物砷化铟镓和硒化铜铟镓也被用于制造太阳能电池。

　　氧化铟锡是一种非常有用的化合物：透光性良好，可以导电，并且与玻璃结合得非常紧密。这些性质意味着它可以用于各种平板显示器，如液晶显示器、等离子显示器、电子油墨显示器、触摸屏等。它允许单个像素在其他像素发光的情况下可以不受影响地接收信号。

　　德国化学家赖希在富含锌的矿物中发现了铟，之后他的同事里希特在原子分光镜上看到一条明亮的靛蓝线——一种新元素就这样被发现了。据说两人后来闹翻了，因为里希特声称是他一个人发现了铟。

| 50 |
|---|
| **Sn** |
| 118.7 |
| 锡 |
| tin |

# 导致灾难的锡

| 原子序数：50 | 类型：后过渡金属 | 熔点：232 ℃（449 ℉） |
|---|---|---|
| 发现时间：古代文明 | 颜色：银白色 | 沸点：2 602 ℃（4 716 ℉） |

　　锡是人类历史上非常重要的元素。它是一种低熔点的软金属，不会被氧化腐蚀。锡大约在1万年前就开始被人类使用了，直到公元前3500年，铜的生产取得了重大突破。在此之前，虽然人类已经掌握了熔炼和提取金属的技术，但青铜是首个重要的合金。很明显，青铜结合了它的两种组成金属的优点——比锡硬、比铜的熔点低，这使得它更容易被加工。锡还可以与铅、铜和锑合金化为白镴，用于制造"锡板"，以防止铁器生锈。

　　在接下来的几千年里，这种金属是一种极其重要的经济资源，人们在地中海周围和康沃尔等多地开采，这也可能是当时罗马入侵英国的动机之一。虽然纯锡不会氧化，但它在低温条件下会遭受"锡虫害"

（低于10 ℃时开始发生，到-30 ℃时非常严重），即纯锡会逐渐分解成灰色的粉末状尘埃。至少有两次历史灾难被归因于此：1812年，拿破仑在俄国战役中失败，据说是因为他的士兵们制服上的纽扣在寒冷的冬天会变成灰尘，这加剧了士兵体温过低的问题；当斯科特船长和同伴们从南极返回（被阿蒙森打败），他们回到事先设置好的食物储藏点，却发现装在罐中的煤油都漏光了，无法点火取暖和煮食物，不幸冻死在那里。

值得注意的是，锡罐和锡箔实际上主要是由铝制成的（尽管它们可以内衬锡）。在许多合金中，锡都是一种重要的成分。许多钟和风琴管是由锡制成的（通常用铅合金化），孩子们都喜欢玩锡制的玩具。它还常用于焊接（连接其他金属片），以及玻璃生产——熔融玻璃漂浮在熔融锡床上，形成一个平面。

# 化妆"眼影粉"——锑

| | |
|---|---|
| 51 | |
| **Sb** | |
| 121.8 | |
| 锑 | |
| antimony | |

原子序数: 51          类型: 准金属     熔点: 631 ℃ (1 168 °F)

发现时间: 约公元前1600年    颜色: 银色     沸点: 1 587 ℃ (2 889 °F)

　　人类使用锑的历史可以追溯到至少5 000年以前。19世纪，在现在的伊拉克发现了苏美尔文明生产的一件锑制品的一个古老碎片，有些人认为它是花瓶的一部分，但这似乎不太可能——因为锑太脆，不可能被制成容器。约公元前1600年，矿物辉锑矿（黑色硫化锑）被埃及人用作眼影粉——也称为kohl。圣经中对那个臭名昭著的坏女孩jezebel描述道，"用kohl涂了眼睛，梳了头发"。黄铅锑酸盐这种颜料，也被巴比伦人用来给装饰砖上釉。

　　在中世纪，锑因为它的药用性质而闻名：锑是一种有毒的物质，但它被用作催吐剂和泻药。17世纪，由受人尊敬的帕拉塞勒斯医生的执着研究，引发了"锑战"——一场激烈的辩论。一位德国作家，化装成一位名叫巴西利厄斯·华伦提努的修士，在一本名叫《凯旋战车锑》的书中提到了关于锑的多种用途。他认为锑是有毒的，声称其名称（antimony）的含义就是"反修士（anti-monk）"——因为锑以毒害修士而闻名，但同时表示自己可以用炼金术做出无毒的锑。还有人认为，用这种元素制成的药物可能杀死了作曲家莫扎特。

锑目前主要用于电子工业（例如半导体、二极管和铟合金的红外探测器），也用于制造各种阻燃材料，如油漆和搪瓷。它可以与铅等软金属合金化，使其变硬；传统上用于锡炉，添加铜和锑能够使锡和铅变硬；铅和锑的合金可用于制造子弹或其他金属，这种应用在老式印刷机中可以找到。

# 全球稀缺性资源——碲

| 52 |
| --- |
| **Te** |
| 127.6 |
| 碲 |
| tellurium |

| | | |
| --- | --- | --- |
| 原子序数: 52 | 类型: 准金属 | 熔点: 449 ℃（841 ℉） |
| 发现时间: 1783年 | 颜色: 银白色 | 沸点: 988 ℃（1 810 ℉） |

　　碲是全球稀缺性资源。碲的传统用途是生成合金——比如与铜、铅和不锈钢等混合，以使其更坚固、耐用或耐腐蚀。碲也可以用来硫化橡胶和给玻璃着色。另外，因为碲化镉能够有效地捕捉能量，它被越来越广泛地应用到可重写CD和DVD以及太阳能电池板的生产中。

　　由于碲是作为铜生产的副产物获得的（从电解精炼铜过程中产生的阳极泥中回收的），近年来铜产量有所下降，所用工艺也发生了变化（提取不同类型的铜），这直接影响了碲的供应量，推动了碲的价格大幅上涨。

　　碲通常是一种深灰色粉末，虽然它是一种非金属，但它有时候也以闪亮的银色金属形式存在。它有轻微的毒性（像硒一样），当我们接触到它的时候，会闻到一股恶心的大蒜味，同时也会使你的手变黑。准确地说，它的发现地点是特兰西瓦尼亚：奥地利矿物学家弗朗茨·约瑟夫·穆勒·冯·雷金斯坦发现了一种闪亮的矿石，他怀疑这是锑或铋——后来被证明是碲化金。他发现矿石中含有一种新的元素，但直到他将样品寄给德国化学家马丁·克拉普思并得到支持后，他的这项研究才被科学界广泛认可。

根据古老的传说，七大行星分别对应一种特定的金属（比如，太阳对应金，月球对应银，火星对应铁，等等），克劳普思就是根据古希腊语tellus（表示地球）和uranus（表示天王星）名字的第一部分组合，来给碲（tellurium）取名的。

# 神秘的药物——碘

<table>
<tr><td>53</td></tr>
<tr><td>I</td></tr>
<tr><td>126.9</td></tr>
<tr><td>碘</td></tr>
<tr><td>iodine</td></tr>
</table>

---

原子序数：53　　　类型：卤素　　　熔点：114 ℃（237 ℉）

发现时间：1811年　　颜色：黑色（带紫色气体）　沸点：184 ℃（364 ℉）

　　过去在某些地区，甲状腺肿的发病率很高，其突出症状是颈部明显肿胀，同时，当地居民还容易患上另一种不幸的疾病——学习障碍（又称为克汀病）。这些地区通常位于内陆，远离大海，因此早期的医学家们怀疑这种病可能与地理位置存在联系。

　　中世纪的医生加伦和罗杰·萨勒诺曾建议分别用海绵体和海藻治疗甲状腺肿，这个治疗方案在同一时期的中文文献中也有类似的记载。帕拉塞尔苏斯认为，海水中可能存在一种矿物质，对这种病有预防作用。他们做了许多研究和尝试，但过了很长时间才取得突破。1811年，法国化学家伯纳德·考托瓦尝试以海藻灰为原料来制取硝酸钾。当他向海藻灰中加入硫酸后，出现了令人惊讶的一幕——产生了紫色烟雾，之后烟雾凝结成黑色晶体。很快他就清楚地看到了一种新元素——碘（其名称来源于希腊语iodes，表示暴力），它既能以固态存在，又能以气态存在。顺便说一句，即使是化学家也普遍认为碘升华过程中没有液相。事实上，它以稳定液体存在的温度范围相当窄，一旦超过这个温度范围它会迅速从固体变成气体。

碘的毒性和爆炸性很强，所以需要小心处理。碘在商业中也有应用。比如，在早期的达盖尔照相术中，以及现代的消毒剂、动物饲料、墨水和染料生产中都有使用到它。像其他卤素一样，碘能形成一种稳定的离子，在海水中广泛存在于碘化钾等化合物中。海产品和植物吸收海水中的碘化物，之后再被人们食用，碘就这样安全地进入了人类的食物链。

这就是以前的人们苦苦探索的神秘答案。经过一些相当危险的早期碘试验，科学家发现了碘化钾对治疗甲状腺肿有效。自从安全用量的碘开始被常规地添加到市售食用盐中，发达国家就基本上根除了克汀病。甲状腺需要碘——但是过量或过少又会导致不良症状，缺碘在许多发展中国家仍然是一个问题。

| 54 |
| **Xe** |
| 131.3 |
| 氙 |
| xenon |

# 高贵的气体—氙

原子序数：54　　　　类型：惰性气体　　　沸点：-108 ℃（-162 ℉）

发现时间：1898年　　颜色：无色　　　　　熔点：-112 ℃（-170 ℉）

　　对威廉·拉姆齐爵士和他的同事莫里斯·特拉弗斯来说，1898年是不寻常的一年。他们在1894年发现了氩，并通过对空气的持续实验识别了氪和氖，但他们的研究还没有完成。后来工业化学家路德维希蒙德给了他们一台液态空气机器，让他们继续做实验。1898年7月12日，他们在使用真空容器清除一些氩和氪的残留物时，发现还有一个小气泡。他们用氢氧化钾处理以除去气泡中的二氧化碳，最后在真空管中得到一个很小的样品，将其加热后发出美丽的蓝光，分光镜下的读数与氪完全不同。两个人得出结论——这是一种新的元素，并以希腊语中的"陌生人"一词给它命名为氙。（因为他们发现所有表示"蓝色"的词都已被使用了。）

氙是一种重气体，因此，装满氙气的气球会很快落在地上。这是一种昂贵的气体，需要小心处理。长期以来，人们认为氙完全没有用处，直到在加拿大工作的英国化学家尼尔·巴特利特和他的团队尝试了一个辉煌的实验，证明氙可以与氟和铂形成化合物。随后人们发现，氙在适当的条件下会与金、氢和硫发生反应，形成更多的化合物。这些化合物都是不稳定的，因为它们容易被氧化。

目前氙主要是以单质的形式被使用。它被应用于汽车前照灯以提供即时照明，或高速电子闪光灯泡摄影，以及一些激光和日光浴床。理论上氙可以作为一种有效的麻醉剂使用，就像笑气一样，但目前氙作为麻醉剂太贵了，可行性不高。氙离子推进系统（XIPS）虽然听起来像存在于科幻小说中，但它是一种用于操纵卫星的真实技术。该系统将氙原子电离，并将其加速到每秒20英里（1英里≈1.61千米）左右，然后将其喷射出去，推动卫星穿过太空。

# 定义"1秒钟"的铯

| | | |
|---|---|---|
| | 55 | |
| | **Cs** | |
| | 132.9 | |
| | 铯 | |
| | caesium | |

---

| | | |
|---|---|---|
| 原子序数：55 | 类型：碱金属 | 沸点：671 ℃（1 240 °F） |
| 发现时间：1860年 | 颜色：银质金 | 熔点：28 ℃（83 °F） |

如果铯没有那么特别的反应，它会是一种非常"可爱"的元素。铯在室温以上就能变成液体，所以用手的温度就可以融化它。铯是仅有的三种金色金属之一（还有铜和金），但其容易被氧化，所以很难观察到金色的纯样品。铯在空气中具有极强的反应活性，因此必须将其储存在油或惰性气体（如氩气）中。如果将铯投入水中，其爆炸性甚至超过锂、钠、钾和铷（同为碱金属）。

你可能还记得，罗伯特·本森和古斯塔夫·基尔霍夫在1861年利用基尔霍夫发明的分光镜发现了铷，其实当时他们已经发现了铯。当他们研究矿泉水时，意外地发现了光谱中有蓝线，这表示其中含有一种新元素，他们以希腊语中的"天蓝色"一词给该元素命名。虽然他们能够分离出氯化铯，但他们认为要从熔化的氰化铯中分离出铯样品还需要22年的时间，后来这项研究由卡尔·西奥多·塞特伯格在波恩大学完成。

---

**1秒钟**

如果你被问道"1秒钟到底有多长"，可以这样回答："1967年，国际计量大会将其定义为——铯133原子基态的两个超精细能级跃迁9 192 631 770个辐射周期的持续时间。简单！"

---

铯化合物被应用于钻井液和光学玻璃的生产中，但是这种元素最重要的用途是制造铯钟（铯已经取代了铷，成为原子钟最常用的元素）。原子钟背后的原理是原子核磁场引起能级变化的频率，稳定的同位素铯133目前是最佳的候选者（尽管也可以使用铷、锶，理论上甚至还可以使用镱）。

# 回忆不愉快的钡

| 56 |
|---|
| **Ba** |
| 137.3 |
| 钡 |
| barium |

---

| | | |
|---|---|---|
| 原子序数：56 | 类型：碱土金属 | 沸点：1 637 ℃（2 979 °F） |
| 发现时间：1808年 | 颜色：银质金 | 熔点：729 ℃（1 344 °F） |

如果你曾有过吃"钡餐（X光造影剂）"或（手术前的）灌肠的经历，可能会留下不太愉快的回忆。作为一种重元素，钡在X光片上清晰可见，因此常被用来诊断肠道或食道的疾病。人们也在液体中加入硫酸钡（重晶石）悬浮液，并加入草莓或薄荷等香料，来使饮料更可口。硫化钡的优点是不溶于水，所以它会完全离开消化系统而不被人体吸收——可溶性钡盐有毒，所以这一点至关重要。碳酸钡被用作鼠药。1993年，德克萨斯州的青少年玛丽·罗伯兹从化学课堂上偷走醋酸钡，杀死了她父亲。

硫酸钡是一种天然矿石，白色轻微透明，密度异常大。在17世纪，一个叫文森佐·卡西亚罗的博洛尼亚鞋匠发现了一块岩石，这块岩石如果白天吸收了足够的热量，它会在夜晚发光。也许这种石头（称为太阳石或博洛尼亚石）能够用来制造黄金——鞋匠为自己这个大胆的想法感到非常兴奋。可惜后来证明，这种石头仅仅是一种重晶石。

钡只存在于化合物中，因为它在空气中具有很高的反应活性。比如，钡存在于矿石、毒重石（碳酸钡）中，科学家曾试图用熔炼法来提取钡元素，均以失败告终。直到1808年，汉弗莱·戴维通过电解氢氧化钡才成功地分离出柔软的灰色金属——钡。钡是以希腊单词barys命名的，意思是"重的"，它也被称为"重晶石"，在石油工业中被用来制造油井所用钻井泥浆的加重剂。

钡还有一些其他用途，例如制造油漆和玻璃。硝酸钡被用来制造绿色烟花。令人着迷的化合物YBCO（钇钡铜氧化物），可在相对高温下用作超导体，这一特点吸引了科学界的广泛关注。重晶石在海洋研究中有着有趣的作用：因为重晶石不溶于水，并且在数百万年内保持稳定，所以在海洋沉积物中，这种矿石的积累可以给我们提供很多信息，比如说根据重晶石的积累程度可以判断在地球过去的某个特定时期海洋浮游植物的生产能力等。

# "镧系元素"大家族

镧系元素是一系列元素在元素周期表下面形成的单独一行。镧系元素（与钪和钇一起）也被称为"稀土"，因为其都是以氧化物的形式被分离出来的，它们来源于稀有矿物（但元素本身并不那么稀有）。

由于这一系列元素的相似性（其外轨道上的电子数目相同，所以化学性质相近），以及电子排列方式的特殊性，它们被集合起来共同占有主表中的一格。每个独立的镧系元素其原子中都有不同数量的电子，但随着原子序数的增加，额外的电子被添加到一个内轨道，同样的三个电子组留在外轨道中，因此它们具有相似的化学性质。

跟化学家说任何元素都是"无聊的"，这显然是不明智的。你可能会发现，化学家们仅仅为了研究某个镧系元素的一些次要因素，就会花数年的时间写一篇博士论文，并需要研究者对所有镧系元素进行相同且多次重复的实验。这里列出的一个关键信息表（表1），对每一个镧系元素的关键性质进行了总结。

表1　镧系元素关键信息表

| 元素 | 信息1 | 信息2 |
|---|---|---|
| 镧（La）<br>原子序数：57 | 熔点：920 ℃（1 688 ℉）<br>沸点：3 464 ℃（6 267 ℉） | 颜色：银白色<br>发现时间：1839年 |
| 铈（Ce）<br>原子序数：58 | 熔点：795 ℃（1 463 ℉）<br>沸点：3 443 ℃（6 229 ℉） | 颜色：铁灰色<br>发现时间：1803年 |
| 镨（Pr）<br>原子序数：59 | 熔点：935 ℃（1 715 ℉）<br>沸点：3 529 ℃（6 368 ℉） | 颜色：银白色<br>发现时间：1885年 |
| 钕（Nd）<br>原子序数：60 | 熔点：1 024 ℃（1 875 ℉）<br>沸点：3 074 ℃（5 565 ℉） | 颜色：银白色<br>发现时间：1885年 |
| 钷（Pm）<br>原子序数：61 | 熔点：1 042 ℃（1 908 ℉）<br>沸点：3 000 ℃（5 432 ℉） | 颜色：银色<br>发现时间：1945年 |
| 钐（Sm）<br>原子序数：62 | 熔点：1 072 ℃（1 962 ℉）<br>沸点：1 794 ℃（3 261 ℉） | 颜色：银白色<br>发现时间：1879年 |
| 铕（Eu）<br>原子序数：63 | 熔点：826 ℃（1 519 ℉）<br>沸点：1 529 ℃（2 784 ℉） | 颜色：银白色<br>发现时间：1901年 |
| 钆（Gd）<br>原子序数：64 | 熔点：1 312 ℃（2 394 ℉）<br>沸点：3 273 ℃（5 923 ℉） | 颜色：银色<br>发现时间：1880年 |

| 元素 | 信息1 | 信息2 |
| --- | --- | --- |
| 铽（Tb）<br>原子序数：65 | 熔点：1356℃（2473℉）<br>沸点：3230℃（5846℉） | 颜色：银白色<br>发现时间：1842年 |
| 镝（Dy）<br>原子序数：66 | 熔点：1407℃（2565℉）<br>沸点：2562℃（4653℉） | 颜色：银白色<br>发现时间：1886年 |
| 钬（Ho）<br>原子序数：67 | 熔点：1461℃（2662℉）<br>沸点：2720℃（4928℉） | 颜色：银白色<br>发现时间：1879年 |
| 铒（Er）<br>原子序数：68 | 熔点：1362℃（2484℉）<br>沸点：2868℃（5194℉） | 颜色：银色<br>发现时间：1842年 |
| 铥（Tm）<br>原子序数：69 | 熔点：1545℃（2813℉）<br>沸点：1950℃（3542℉） | 颜色：银灰色<br>发现时间：1879年 |
| 镱（Yb）<br>原子序数：70 | 熔点：824℃（1515℉）<br>沸点：1196℃（2185℉） | 颜色：银色<br>发现时间：1878年 |
| 镥（Lu）<br>原子序数：71 | 熔点：1652℃（3006℉）<br>沸点：3402℃（6156℉） | 颜色：银色<br>发现时间：1907年 |

**镧系元素的一般性质** •————————————

大多数镧系元素是银色金属，质地柔软，用刀就能切割。镧、铈、镨、钕和铕都具有高反应活性，能够迅速形成氧化物涂层。其他镧系元素，如果与金属混合会易于腐蚀，如果被氮气或氧气污染则会变脆。镧系元素在热水中比在冷水中反应更快，同时产生氢气，并且它们在空气中很容易燃烧。

大部分镧系元素存在于独居石和辉绿岩这两种矿物中，且它们往往以相当稳定的比例混合在一起（其中25%～38%为镧）。那些原子序数更高的镧系元素，数量变得越来越少，是因为它们更重，所以在过去的地质动荡时期沉到了地球的地幔深处。

### 镧

镧是瑞典化学家卡尔古斯塔夫·莫桑德在1839年发现的元素，但在1923年才被分离出来。作为一种合金，镧具有和钯一样的"氢海绵"的能力，即其具有高密度可以吸收气体。

镧可能太重，导致它不具备任何商业价值。不过，打火机中的火石，就用到了含有镧的"混合稀土"合金（其中含25%的镧、50%的铈、18%的钕和其他各种镧系元素）。另外，镧还能中和磷，所以在池塘中常用镧来防止藻类不必要的生长。

### 铈

1803年，雅各布·贝泽利乌斯和他的同事威廉·海辛格发现了铈。虽然大多数镧系元素都存在于独居石和辉绿岩中，但铈却存在于硅酸铈（一种铈盐）中。

作为地壳中最常见的镧系元素，铈有一些很好的环保用途：例如，铈能够用于生产一种比从镉、汞或铅中提取的颜料安全得多的红色颜料；将其少量添加到燃料中，可以减少废气中产生的污染颗粒物。铈也被用来覆盖自洁烤箱的内壁，将烹饪残留物转化成相对容易擦去的物质。如果从一个铈块上锉掉或刮掉一块铈屑，它会自发地燃烧——这种性质被称为"自燃"。

### 镨

当卡尔·古斯塔夫·莫桑德发现镧时，还发现了一种残留物，他怀疑是另一种新元素，并将其命名为didymium。1885年，奥地利化学家卡尔·奥尔·冯·威尔斯巴赫终于证明，这是一种钕和镨的混合物。

镨的主要用途是与镁生成高强度合金，用于制造飞机发动机零件。和其他镧系元素一样，镨也被用于制造摄影棚灯的碳弧电极。镨还可以用来给玻璃和搪瓷涂上一种显眼的黄色，以及制造焊工的护目镜玻璃（以滤除黄光和红外线辐射）。

### 钕

1925年，莫桑德发现的didymium中的另一个元素——钕，也被成功分离出来。它最重要的用途是制造坚固的"尼伯"磁铁（由钕、铁和硼合金化），以及用于电动汽车驱动电机的磁铁中。钕也可用于制造焊工的护目镜和日光浴床上的玻璃（以传输紫外线、滤除红外线）。

### 钷

大多数原子序数低于铋（原子序数83，一种易碎的略带红色的灰色金属）的元素，都具有稳定的形式。但是，锝和钷是两个例外，它们的同位素半衰期最多为18年。因此，地球上已经没有天然形成的钷（自然界中大量的钷是由仙女座星系中的一颗恒星产生的，原因不明）。1945年，人类从核反应堆中获得的铀燃料的裂变产物中首次发现了钷。通过在粒子加速器中轰击钕和镨也可以产生钷。

钷曾一直被用来替代手表发光表盘中的镭，直到现代才用于研究。另外，钷也验证了周期表的一个重要功能——寻找"缺失的元素"，这项功能正如1902年捷克化学家约翰·博胡斯拉夫·布兰纳预测的那样。1913年，亨利·莫斯利重新排列了周期表之后，钕和钐之间的空白位置终于被填满。

### 钐

钐是以发现它的人的名字来命名的第一种元素。俄罗斯矿务官员萨马斯基上校同意矿物学家古斯塔夫·罗斯拿走一些样品，而其中有一种是新的矿物，出于对上校的感激，罗斯将其称之为"萨马斯基特（samarskite）"。1879年，保罗·埃米尔·勒科克（镓的发现者）从该矿物中提取出了钕以及一种新元素，并将其命名为钐（samarium）。

钐在激光、玻璃生产和照明方面有一些特殊的用途。由钐、钴和其他金属稀土材料经配比，可以熔炼成钐钴磁铁。钐钴磁铁是一种强力磁铁，耐温性能稳定，是除了铁氧体外耐温效果最好的磁性材料。但是由于钐钴磁铁易碎且价格昂贵，所以经常被磁性更强、耐温效果稍差的钕铁硼磁铁代替。

**铕**

1901年，法国化学家尤金妮·阿纳托利·德马盖伊分离出新元素并命名为铕，当时多名科学家都鉴定了这种金属。铕最有用的特性与磷光有关：荧光粉这种物质，在传统电视机的电子刺激下会产生辉光。红磷的辉光曾经是最弱的——但当红磷中"掺杂"少量的铕，输出光会变强。铕（在混合气体中）也应用在白色荧光灯泡中。另外，它在欧元纸币上的磷光防伪标记的制作中也起着重要作用。

**钆**

钆是在1886年，由保罗·埃米尔·莱科·德博伊斯堡兰从一个双氰基的样本中提取出来的（这点与钐一样）。其实在这之前的6年，瑞士化学家J.C.加利萨·德马里尼亚就已经鉴定出了钆的氧化物。

钆常用于合金中，比如加入钆可使铁和铬更容易加工。在众多元素中，钆是最常用的中子吸收器，多用于核反应堆中。钆也用于核磁共振扫描，注射钆化合物可以增强核磁共振扫描所产生的图像。

**铽**

前面提到过，钇是在瑞典的伊特必（Ytterby）村庄附近的一个矿井里被发现的。另外还有3个元素也是在该地区的矿石中发现的，并以该村庄命名，这可能是周期表历史上最令人头疼和容易混淆的命名了——它们分别叫铒（erbium，1842年），铽（terbium，1842年）和镱（ytterbium，1878年）。更讨厌的是，还有3个元素的名字也间接地跟该村庄有关：钬（holmium，1878年）以瑞典首都斯德哥尔摩（Stockholm）命名，铥（thulium，1879年）以图勒（Thule，斯堪的纳维亚神话中的名字）命名。特别的是，钆（gadolinium）以约翰·盖多林（Johan Gadolin）命名，而他是最早在伊特必的矿物中发现钇的人。

怎么样，已经晕头转向了吗？

还是来说回铽吧，它主要用于制造固态器件、低能量灯泡、X光机和激光器。铽最有趣的用途是和镝、铁生成合金——铽镝铁（TbDyFe）合金，这是一种新型的稀土超磁致伸缩材料，它能够在交变磁场中快速产生伸缩应变响应。所以，它在平板扬声器、声呐的水声换能器技术、电声换能器技术、海洋探测与开发技术、减噪与防噪系统等高技术领域有广泛的应用前景。

### 镝

镝最初是作为镧系元素铒的杂质被发现的。经过多年的研究，科学家发现该杂质中除了镝，至少还含有两种独立的元素——钬和铥。保罗·迈尔·莱科·德博伊斯鲍德兰做了许多非常考验耐性的重复性实验来分离镝，因此他以希腊语单词dysprositos来命名它，意思是"难以获得"。

镝能很好地吸收中子，所以被用于制造核反应堆控制棒。更重要的一个用途是，镝的合金可以用来制造钕基磁铁。这种磁铁在高温下仍能很好地保持磁性，被广泛应用于电动汽车和风力涡轮机中（目前这两种产品的市场都在不断增长）。未来几年里，镝将面临潜在的供应问题——它是最昂贵的镧系元素，在今天仍然很难获取，正如德博伊斯鲍德兰给它的命名一样。

### 钬

虽然在1878—1789年期间，有好几个国家的科学家都在进行关于钬的研究，但钬的公认发现者是瑞典科学家佩尔·提奥多·克勒夫。钬的主要用途是以一种添加微量钬的钇铝晶体形式在高性能激光中能够汽化某些类型的肿瘤，而对周围组织损伤很小。钬也用于制造高强度磁铁。

2009年，法国科学家惊人地宣称发现了单极的钛酸钬晶体，即只有一个磁极。这一发现引发了很大争议，因为钛酸钬晶体的两极确实非常接近，而且不完全相同。2017年，国际商用机器公司发布了更可信但仍令人吃惊的声明，称他们已经发明了一种技术，可以将数据存储在单个钬原子上。

### 铒

部分形式的铒具有非常特殊的光学荧光特性，可用于制造激光。当铒被添加到光纤电缆的玻璃中，它会放大正在传输的宽带信号。铒也可以与钒合金化，像其他几种镧系元素一样用于制造红外吸收玻璃。

### 铥

1842年，莫桑德尔从钇土中分离出铒土和铽土后，不少化学家利用光谱分析，确定它们不是单纯的一种元素的氧化物。1879年，克勒夫（那位发现钬的瑞典科学家）又分离出两个新元素的氧化物。其中一个被命名为铥（thulium），以纪念克勒夫的祖国所在地斯堪的纳维亚半岛（Thulia）。铥是最不常见的镧系元素之一，仅次于钷，其中钷是自毁型的元素，只在核反应中生成。这意味着铥不像某些元素那么常见，并且生产成本很高，同时因为铥的大部分性质都可以被其他较便宜的镧系元素替代，因此铥的作用不大。但是，铥可用于生成手术激光，同时它的一种同位素还可用于制造便携式X光机。

### 镱

镱曾经被认为是镧系元素序列中的最后一个。1878年，马里亚克的让-夏尔·加利萨·德马里尼亚发现了镱。他通过加热硝酸铒，分解出了两种氧化物——氧化铒和一种白色物质。这种白色物质主要由一种新元素组成，德马里尼亚给其命名为镱，但其实它的纯样品直到1953年才被分离出来。

科学家研究镱，主要是看它能否作为其他镧系元素的替代物，或能否带来一些技术生产功能上的改进。另外，镱在未来可能被用来制造精确度更高的原子钟——同位素镱174理论上比铯的性能更好（铯钟已经精确到每1亿年误差1秒左右）。

### 镥

德马里尼亚分解出的镱的样品仍然是不纯的。镧系元素的性质很相似，因此很难确定是否分离出了纯物质。1911年，美国化学家西奥多·威廉·理查兹对溴酸铥样品进行了15 000次连续重结晶，才最终确定并成功地分离出了纯铥。1907年，法国化学家乔治·乌班紧随其后，进行了与德马里尼亚一样的一系列的复杂提取过程，最终从剩下的样品中提取出一种新元素——镥。一些化学家认为镥应该被归类为过渡金属，而非镧系元素。镥的提取非常困难，这意味着它很少被单独使用。但它还是有一些应用于商业的价值。例如，镥可以被炼油厂用作裂化碳氢化合物的催化剂，换句话说，镥可以将碳氢化合物分解成更简单的分子。

### 懒散的半人马 •

镧系元素的化学符号依次为La、Ce、Pr、Nd、Pm、Sm、Eu、Gd、Tb、Dy、Ho、Er、Tm、Yb和Lu。化学系的学生为了应付考试，有时会学到以下的记忆法："Languid Centaurs PraiseNed's Promise of Small European Garden Tubs；Dinosaurs Hobble Erratically Thrumming Yellow Lutes（懒散的半人马赞扬了内德关于欧洲花园浴盆的承诺；恐龙不规则地蹒跚而行，拨动着黄色的鲁特琴）。"

# 关于铪的关键发现

| 72 |
| **Hf** |
| 178.5 |
| 铪 |
| hafnium |

原子序数：72　　　　类型：过渡金属　　　沸点：4 603 ℃（8 317 ℉）

发现时间：1923年　　　颜色：银灰色　　　　熔点：2 233 ℃（4 051 ℉）

　　想知道铪是如何被发现的，要先从人们对元素周期表理解上的一个重大突破说起。

　　1911年，荷兰业余物理学家安东尼奥斯·范登布罗克提出，元素在周期表中的位置最好由原子核中的电荷数（等于质子数）来决定。年轻的英国物理学家亨利·莫斯利加入了曼彻斯特大学的欧内斯特·卢瑟福的研究小组，他对范·登布罗克的建议很感兴趣，并着手进行研究，在那里他创造了世界上第一个原子电池原型。莫斯利认为，当高能电子与固体碰撞时会发出X射线。回到牛津后，他得到了资助并继续自己的研究。他组装了一个实验装置，该装置可以向不同的元素发射电子，以测量发射的X射线的波长和频率。

这就引发了一个关键的发现——每个元素都以一个独特的频率发射X射线，并且这可以与元素的质子数完美匹配。这个结果证实了范·登布罗克的假设，并表明质子数完全定义了元素。化学家们很快意识到了莫斯利这项研究的重要性，因为这个发现让他们可以重新排布周期表，并解决旧表中的元素排列异常和空缺，而他们就是将X射线作为一种更快识别元素的工具。

重新排布周期表意味着元素周期表中出现了新的空位，这又促使科学家们去探寻含有61个、72个和75个质子的元素（当时门捷列夫预测的"43号未知元素"仍在寻找中）。多年后，43、61和75号元素被分别证实为锝、钷和铼。

### 旅程终点

第二次世界大战爆发后，长辈们鼓励亨利·莫斯利继续进行科学研究，但是他坚持参军。1915年，他不幸在加里波利战役中丧生。物理学家罗伯特·米利坎为了纪念他，写道："一个26岁的年轻人打开了窗户，透过窗户人类可以清晰地看到亚原子世界，这是我们以前从未梦想过的。如果欧洲战争除了扼杀这个年轻人的生命，没有其他结果的话，这将成为历史上最不可弥补的罪行之一。"

　　72号元素是在1923年，由两名年轻的研究者（在著名物理学家尼尔斯·玻尔的丹麦研究所工作）——德克·科斯特和乔治·冯·赫维西发现的。关于72号元素是镧系元素还是过渡金属，一直存在争论，但玻尔认为它一定是一种金属。在此基础上，科斯特和冯·赫维西研究了表中72号元素上方的过渡金属——锆。几周之内，他们用X射线在矿石中发现了微量的铪。

　　铪的性质和用途与锆相似，因为它们能很好地吸收中子，所以都被应用于核反应堆。铪也被用来合成坚固、高熔点的合金，或制造同样性质的等离子焊枪等。

# 钽和偷东西的国王

<table>
<tr><td>73</td></tr>
<tr><td>**Ta**</td></tr>
<tr><td>180.9</td></tr>
<tr><td>钽</td></tr>
<tr><td>tantalum</td></tr>
</table>

| | | |
|---|---|---|
| 原子序数：73 | 类型：过渡金属 | 沸点：5 458 ℃（9 856 ℉） |
| 发现时间：1801年 | 颜色：青褐色 | 熔点：3 017 ℃（5 463 ℉） |

　　1801年，瑞典化学家安德斯·古斯塔夫·埃克伯格发现了钽。在人们把钽确认为一种新元素之前，常常把它跟性质相近的铌混淆，因为它们几乎总是一起出现在"钶钽铁矿"（所有铌铁矿和钽铁矿结合体的统称）中。钽得名于希腊神话中的国王坦塔罗斯——因从众神那里偷东西而受到惩罚，他被迫站在一个水池里，却永远喝不到池子里的水。

　　由于具有极强的抗腐蚀性，钽被广泛应用于手机和其他手持设备，如游戏机和数码相机。同时由于钽和钽的氧化物制成的电容器元件可储存电荷和电能，该元件是热和电的优良导体，因此可制作成体积小但具备高电容的元件。如果没有钽，我们目前的设备不太可能如此迷你。

　　在金属中，只有钨和铼具有较高的熔点，因此钽与其形成的合金可用于制造飞机发动机和核反应堆等高温物体。钽具有化学惰性，因此有许多医疗用途，包括用于制造外科手术器械、植入物（如起搏器）以及修复神经和肌肉的金属箔、纱布或金属丝。

近年来人们对钽的高需求引发了政治争议。经济衰退期间，在澳大利亚一个大矿山关闭后，钽的主要来源变成了刚果共和国。开采钶钽铁矿所获得的利润引发了矿区所在的三个邻国的冲突，导致一些人谴责其为"血钽"。

# 现在的灯丝——钨

| 74 |
| :-: |
| **W** |
| 183.8 |
| 钨 |
| tungsten |

原子序数：74　　　　类型：过渡金属　　　沸点：5 555 ℃（10 031 °F）

发现时间：1783年　　颜色：银白色　　　熔点：3 422 ℃（6 192 °F）

　　17世纪，中国的瓷器制造商用钨颜料创造了一种可爱的桃色。同一时间，欧洲的锡矿冶炼厂发现，当某种矿石存在时，锡的产量下降了很多，他们将这种矿石称之为"狼的泡沫"，因为它吞食了大量的金属，就像狼吞噬了羊一样。

　　后来，很多科学家都参与了这个现象的研究，最终西班牙的两兄弟——化学家胡安和费斯托·艾尔胡亚发现了钨。1783年，他们生产了一种酸性金属氧化物，并用碳加热使其还原为钨。当时他们给这种新元素命名为wolfram。

　　钨是所有金属中熔点最高的，所以被用作白炽灯泡的灯丝。钨也用于石英卤素灯，如果加入碘可以使钨达到更高的温度，产生更亮的光。

碳化钨是一种非常坚硬的化合物，通常用于钻孔和切割工具。比如，它被用于采矿、金属加工和制造高性能牙钻，以及被制成圆珠笔尖的"小圆珠"。

### 关于名字的争论

在钨的名字被确定以前，关于这个新金属到底要叫tungsten（瑞典化学家卡尔·威廉·谢勒研究之后，以瑞典语"重石"一词给其命名）还是wolfram（取自Wolframite——著名的德国黑钨矿），引发了争论。这场争论一直持续到20世纪50年代初，之后IUPAC（国际纯粹与应用化学联合会）给出了统一规定：元素"钶"名称改为铌，元素"wolfram"名称改为tungsten（钨）。不过，wolfram的名称仍然被保留为元素符号的全称，并且偶尔也会被使用，特别是在西班牙，人们对艾尔胡亚兄弟所提出的更富有诗意的名字被废除依然感到不满。

# 铼引发的误会

| 75 |
|---|
| **Re** |
| 186.2 |
| 铼 |
| rhenium |

---

原子序数: 75          类型: 过渡金属          沸点: 5 596 ℃ (10 105 ℉)

发现时间: 1925年      颜色: 银色              熔点: 3 186 ℃ (5 767 ℉)

关于铼的发现, 一开始闹了两个误会。

1908年, 日本化学家小川正孝就分离出了新元素——铼, 并将其命名为nipponium (nippon在日语里是 "日本" 一词的发音)。但是他误以为自己发现的是43号元素, 所以这次研究以失败告终。

1925年, 沃尔特·诺达克、艾达·塔克 (后来嫁给诺达克) 和奥托·伯格再次提取出了铼, 这项研究整整耗费了660千克辉钼矿才提取出1克金属铼 (铼是铜和钼提纯的副产品)。同时, 他们在钆中也发现了铼, 他们却误以为发现了43号和75号元素, 由此损害了自己的声誉。最终铼 (以莱茵河命名) 被证实的确是75号元素, 它也是人类发现的最后一种天然金属。

尽管在俄罗斯东部的一座火山口发现了一些二硫化铼，但铼单质在自然界中很少见，它通常与其他金属一起存在。二溴化铼是一种超硬材料，与钻石不同，它需要通过超高压环境才能制造。

### 遗憾的后果

诺达克错误地宣布他们发现了43号元素，最终带来一个特别遗憾的后果。1934年，艾达·诺达克提出，原子核是可能发生裂变的，但由于她的名声受损，这一提议被忽略了。后来，核裂变的发现被归功于奥托·哈恩、莉斯·梅特纳和弗里茨·斯特拉斯曼——1938年，他们第一次认识到铀原子在受到中子轰击时发生了分裂。

铼常与镍和铁制成合金，用于制造战斗机涡轮。它也是一种有效的催化剂，可用于生产具有高辛烷值和无铅的汽油。铼还可以与钨和钼制成合金，这种合金硬度高并且耐热。

# 最硬的纯金属——锇

| 76 |
|---|
| **Os** |
| 190.2 |
| 锇 |
| osmium |

---

原子序数：76　　　　类型：过渡金属　　　　沸点：5 012 ℃（9 054 ℉）

发现时间：1803年　　颜色：蓝银色　　　　熔点：3 033 ℃（5 491 ℉）

　　1803年，英国化学家史密森·特南特首次发现了锇。他与威廉·沃拉斯顿合作，用王水（一种用于溶解金属的强酸混合物）溶化了粗铂，并留下了黑色残渣。当沃拉斯顿研究剩余的铂时，特南特对这种残留物进行了实验，发现它可以被分离成两种没见过的金属——锇和铱。他用希腊语"osme"来命名锇，意思是"气味"，因为锇带有一种特殊的气味，并且锇的一些化合物也很难闻，尤其是氧化物格外难闻。

　　锇是所有元素中密度最大的（大约是铅的两倍），但现在基本上没有什么商业用途，目前每年的产量仅约100千克。锇和铱的合金有时用来制造昂贵钢笔的笔尖、外科手术器械以及其他需要耐腐蚀和耐磨损的工具。

虽然钨是电灯泡灯丝的首选，但由于锇的熔点高，所以它也是电灯泡灯丝的材料之一。1906年，钨和锇被同时用作电灯泡灯丝。当时德国主要的照明设备制造商叫作"欧司朗（Osram）"——就是结合了锇（osmium）和钨（注意，当时在德国钨使用的是旧名wolfram）名字的一部分。

# 铱和恐龙灭绝的起因

| | |
|---|---|
| | 77 |
| | **Ir** |
| | 192.2 |
| | 铱 |
| | iridium |

原子序数：77　　　类型：过渡金属　　　沸点：4 428 ℃（8 002 ℉）

发现时间：1803年　　颜色：银白色　　　熔点：2 466 ℃（4 471 ℉）

　　6 500万年前恐龙（和其他物种）的大规模灭绝，是由一次巨大的陨石撞击造成的，金属铱的发现在证实这一点上发挥了重要作用。铱在地球上很罕见，但经常在陨石中被发现。

　　1980年，诺贝尔奖获得者、加州大学的物理学家路易斯·阿尔瓦雷斯和他的同事们发现，6 500万年前的地球岩层中的铱含量异常高。这些富含铱的黏土层被称为K—PG边界，因为它是白垩纪（缩写为K）到古近纪（缩写为PG）的转折点。

　　这些黏土层在某些地区（如加拿大阿尔伯塔省的荒地或丹麦的新西兰岛）的地面上就能观察到，它推动了人类关于化石的研究进展。据阿尔瓦雷斯他们推测，这是当时大量陨石撞击的证据。灾难让地球陷入了一个漫长的"撞击冬季"，它阻止了植物的光合作用，并导致许多物种死亡甚至灭绝。20世纪90年代，随着奇克苏鲁布在墨西哥湾发现了180千米宽的"陨石坑"，这一观点被更多的人认可。陨石坑证实了K—PG边界是大气中漂浮的碎片，在一次巨大的陨石撞击后沉降造成的。

### 彩虹女神

在希腊神话中，彩虹女神伊里斯，是海神塔乌玛斯和妻子伊莱克特拉的女儿。据说，在为众神供奉花蜜和充当使者的过程中，她用收集的海水，来浇灌天上的云朵。由于铱能生成五颜六色的盐，所以史密森·特南特根据伊里斯（Iris）的名字给它取名为iridium——女神伊里斯的名字，也是彩虹色（iridescent）一词的灵感来源。

纯铱是一种易碎、有光泽的银色金属。1803年，史密森·特南特首次分离出铱与锇。尽管19世纪的科学家足智多谋，但是因为极高的熔点使铱很难发生反应，以致他们仍然花了几十年的时间才发现铱的用途。1834年，发明家约翰·艾萨克·霍金斯想要制作一个薄而硬的钢笔笔尖，于是他就尝试着制作了一支铱尖的金笔。

随着时间的推移，人们发明了一些新方法来处理铱，并用它与其他金属制成合金。铱非常坚硬且耐腐蚀，现在已被用于制造高端火花塞、飞机零件以及耐高温的坩埚。同位素铱192还被用于癌症患者的放射治疗。

# 结婚钻戒上的铂

| | |
|---|---|
| 78 | |
| **Pt** | |
| 195.1 | |
| 铂 | |
| platinum | |

原子序数：78　　　　　类型：过渡金属　　　沸点：3 825 ℃（6 917 ℉）

发现时间：约公元前7世纪　　颜色：银白色　　　熔点：1 768 ℃（3 215 ℉）

　　在底比斯的埃及女王的棺材上，人们发现了一件用铂（俗称白金）制成的手工艺品——这件工艺品可以追溯至公元前7世纪。大约2 000年前，南美文明就已经在使用金属铂。西班牙征服者当时并不重视这种金属，给它取名为"platina"（小银），认为它只是未成熟的黄金，并将其扔回河里。

　　然而，铂样品最终通过英国海军捕获的西班牙船只进入欧洲，然后开始得到人们的赞美和欣赏，当时它的生产成本高昂。铂是一种闪亮的金属，与金一样耐腐蚀，不易被氧化。铂如此稀有的一个原因是，它是一种重金属，可以与铁成为合金，所以地球上的大量铂很可能在过去沉入了地核。

如今，它已成为一种深受人们喜爱的金属，常用于制作结婚戒指，甚至有以其命名的"白金唱片"和"白金婚礼"。铂还被广泛应用于制造燃料电池、硬盘、热电偶、光纤、火花塞和起搏器等。铂最重要的用途是用于汽车的催化转化器，它可以将有害的碳氢化合物转化为二氧化碳和水。现在铂的使用量正在不断增长，人们因此担忧，未来几十年内全球或将供应不足。

顺铂是铂的一种重要化合物。20世纪60年代，巴内特·罗森伯格做电流对细菌的影响的实验时，发生的电极反应形成了这种化合物。研究表明，顺铂能够抑制细菌的细胞分裂，并已成为治疗睾丸、卵巢和身体许多其他部位癌症的一种有价值的药物。

| 79 |
| --- |
| **Au** |
| 197.0 |
| 金 |
| gold |

# 打捞水底的黄金

| 原子序数：79 | 类型：过渡金属 | 沸点：2 856 ℃（5 173 ℉） |
| --- | --- | --- |
| 发现时间：古代文明 | 颜色：金属黄色（或金色） | 熔点：1 064 ℃（1 948 ℉） |

　　远古文明不光发现了铜和银，同样也发现了在元素周期表中排在它们下面的金。金在至少5 000年前就已经被制成珠宝和货币。天然金块（有史以来最大的一块是19世纪60年代在澳大利亚发现的，重达70多千克）或更小的碎片中都含有金元素。

　　因为黄金很重，总是沉到水底，所以可以用一种原始的筛选办法，将它从水中打捞和收集起来。例如，图坦卡门的坟墓里有超过100千克的黄金制品。金的化学性质并不活泼（但它会溶解在王水中），质地较软，可以用刀切割，具有很强的延展性，可以用锤子来敲打塑形（24开金表示纯金，而较低的开数表示合金，合金会稍硬一点）。

　　每年全球开采约1 500吨黄金（大部分来自俄罗斯和南非），好在黄金可以回收和循环利用，补充了开采存储的不足。金被打成薄片，可以用来电镀其他金属——比如用在廉价的首饰中，或者作为电连接器的保护层。计算机芯片中通常含有金线，用来制作电路。金也用于牙科填充合金，另外它还是生产聚乙烯醇胶的催化剂。

### 海洋的财富

第一次世界大战后，德国被要求支付惩罚性赔偿金。爱国主义者、诺贝尔奖获得者、科学家弗里茨·哈伯提出了一个大胆的计划——将一些大型离心机组合起来，通过电化学方法从海水中收集金颗粒来获得这笔钱。他估计，1吨海水将产生65毫克的金属颗粒，所以该计划在经济上是可行的。然而，1吨海水中黄金的实际含量仅为0.004毫克，当他算出正确的结果后，这个计划不得不被放弃，这让他感到非常遗憾。

位于纽约的美国联邦储备银行第二联部储备区，拥有约7 000吨黄金，分别属于多个国家。它在该地区价值5 000亿美元，是世界上最大的黄金储备库。

# 汞的"名声"之变

<table>
<tr><td>80</td></tr>
<tr><td>**Hg**</td></tr>
<tr><td>200.6</td></tr>
<tr><td>汞</td></tr>
<tr><td>mercury</td></tr>
</table>

| | | |
|---|---|---|
| 原子序数：80 | 类型：过渡金属 | 沸点：357 ℃（674 °F） |
| 发现时间：古代文明 | 颜色：银灰色 | 熔点：-39 ℃（-38 °F） |

　　美丽的红色矿物——朱砂在几千年前就被用于交易。在近代，朱砂被用作胭脂，它还有其他的着色用途——例如在玛雅红皇后墓中，就埋有一个石棺和用朱砂制成的鲜红粉末覆盖的陪葬品。有一个说法广为流传：从朱砂中可以提取出一种能够"溶解"黄金的物质——"水银（即汞）"。那么，理论上水银可以用来从其他矿物中提取黄金。特别是，它可以帮人们从河流沉积物中更快地收集到黄金。

　　不过，水银能够溶解黄金的说法，可能不太准确。朱砂是硫化汞，可以通过加热它并收集蒸发气体的方式来提取金属汞。汞的元素符号为Hg,来自希腊语hydrargyrum，意思是液态银，然而黄金并不溶于液态汞。实际上，这两种金属会在极低温下发生反应，生成一种化合物，而对该化合物加热，汞会被蒸发掉，最后留下金。

汞在过去，有着很好的"名声"。炼金术士将其视为一切金属之源，罗马人和希腊人将其用于药物治疗，而那时的中国人相信水银混合物可以延长生命。

现在提起汞，我们仅仅知道它是一种有毒的，唯一在室温下呈液态的金属，好像不太能想起它比较好的用途。以前的制帽工人因为长期接触硝酸汞，常引发精神错乱等疾病——《爱丽丝梦游仙境》中疯帽匠的灵感就来自于此。汞最危险的形式之一是甲基汞，它会在鱼的体内积累，人若吃了含有甲基汞的鱼，会导致甲基汞摄入超标，对身体造成危害。

许多含汞的工艺都在逐渐被淘汰。在过去，你会在大多数温度计、补牙的填充物、鱼漂和油漆颜料中发现汞。如今，它虽然仍在一些化学工艺中使用，但在很大程度上，这种金属曾经拥有的迷人吸引力已被其他元素取代。

# 最强的毒药—铊

81
**Tl**
204.4
铊
thallium

原子序数：81　　　类型：后过渡金属　　沸点：1 473 ℃（2 683 °F）

发现时间：1861年　　颜色：银白色　　　熔点：304 ℃（579 °F）

　　铊是毒性最强的元素之一，多年来在许多谋杀案中被使用，也是萨达姆·侯赛因最常用来谋杀对手的毒药。20世纪50年代初，澳大利亚的"铊热"中，至少有5起与之相关的罪行。20世纪70年代，这种致命物质很容易以硫酸铊（杀虫剂和鼠药）的形式购买。1861年，威廉·克鲁克斯发现了它。他在掺杂硫酸的光谱中发现了一条很细的绿线，意识到其中含有一种新元素，并用希腊语thallos（表示绿色的幼芽或细枝）来给它命名。

　　1862年，法国科学家克劳德·奥古斯特·拉米做了一些更为详细的研究，并净化了少量质软、呈银色的金属（在空气中会迅速失去光泽）。克鲁克斯和拉米之间就谁应该获得这一荣誉展开了激烈的争论，直到双方分别获得了自己的奖章。

铊主要存在于含钾矿物和铯榴石等矿石中。正是与钾的相似性使得铊非常危险——它可以"劫持"部分需要钾的细胞，这严重干扰了钾的功能。

铊中毒在短期内会引起患者恶心以及腹泻，如果长期积累，还会造成患者大面积神经损伤、脱发、精神紊乱和心力衰竭等。有趣的是，治疗铊中毒最有效的解毒剂是亚铁氰化钾铁（俗称普鲁士蓝或柏林蓝），这是一种含有氰离子但无毒的物质。解毒的原理是亚铁氰化钾铁包围了铊原子，防止其被钾吸收。

铊是精炼铜和铅时产生的副产品。除了在电子工业中的应用，少量的铊还被用于制造光电管。另外，氧化铊被用于制造低熔点玻璃。

# 铅和说谎的科学家

| 82 |
| :---: |
| **Pb** |
| 207.2 |
| 铅 |
| lead |

原子序数：82　　　类型：后过渡金属　　沸点：1 749 ℃（3 180 ℉）

发现时间：古代文明　　颜色：暗灰色　　　熔点：327 ℃（621 ℉）

　　炼金术士认为重的、可锻造的铅是一种低等金属，而且它可以从天然的灰色变成其他各种颜色。把铅浸泡在醋里，然后放置在有动物粪便的棚子里，它会变成白色。把铅加热，其表面会形成一层黄色的氧化铅（也被称为"轻黏土"），之后又变成鲜红色（中世纪时用作红色油漆，不过随着时间的推移，这种颜色会逐渐褪为暗褐色）。当时一些人甚至误以为，铅最终有可能变成黄金。

　　早在古希腊时期，人们就学会了从方铅矿中提取铅。罗马人用铅来做管道、白蜡、油漆、陶器釉料甚至化妆品（以碳酸铅或铅白的形式，铅白也被用作油漆颜料），尽管科尼利厄斯·赛尔苏斯医生警告说这样做会产生不良的后果。

**相信我，我是个科学家**

1924年，美国新泽西州标准石油厂发生铅中毒事件，一名工人精神失常并最终死亡，另有30人住院。为此，生产方举行了一次新闻发布会。会上，含铅汽油的发明者——托马斯·米基利（尽管他自己刚刚从佛罗里达州的铅中毒中恢复过来），为了说服持怀疑态度的记者，把添加剂四乙基铅洒到自己的手上，以此证明汽油是安全的。另外，他还给出理由——"一般的街道上测不到铅"，表示汽油的使用不会给人们带来危害。他也承认，关于这一说法并没有实际的实验数据。

如今，尽管铅有毒性，但仍用于汽车电池、一些颜料、砝码和焊料的生产中。

作为最重的、稳定的非放射性元素，铅可以添加到含有轻度放射性物质的集装箱中，用于辐射防护。铅的反应活性低，铅制品可以用来储存腐蚀性酸。

曾经，铅还被用来防止汽车发动机的爆震（点火问题），但由于铅会造成环境污染，所以这种方法已经被禁止了。同时，铅也不再被用于制造水管和容器，陈旧建筑中的铅管道仍然会造成一些严重的铅中毒事件。

　　顺便说一下，炼金术士们用铅来炼金的想法并不完全是错的。许多原子序数高于82的放射性元素在最后会衰变成铅，所以理论上，把金变成铅要比把铅变成金容易得多。核试验表明，进行相反的化学转变是可行的，只不过代价远远大于可能的收益。

# 打造"珠光"的铋

| | |
|---|---|
| 83 | |
| **Bi** | |
| 209.0 | |
| 铋 | |
| bismuth | |

---

原子序数：83　　　类型：后过渡金属　　沸点：1 564 ℃（2 847 ℉）

发现时间：15世纪　　颜色：粉银色　　　熔点：272 ℃（521 ℉）

早在15世纪，印加人就知道铋——在马丘比丘发现的一把刀，就是由含有金属铋的合金制成的。西方的炼金术士对铋也有所了解。铋在1460年被开采出来，那时它经常被误认为是铅。

19世纪，铋被用在化妆品中：用硝酸溶解铋，然后倒入水中，会产生一种白色的片状物质——氯氧化铋，被称为"珠光白"，它可以制成敷脸的粉末。珠光白比铅白的毒性要小得多，但由于燃煤产生的硫污染，因此珠光白在城市中往往会变成棕色。

铋是一种重而脆的金属，常用于制成像白镴这样的合金。铋与镉和锡可以形成低熔点的合金，来制造保险丝或焊料。今天的化妆品中仍然会用氯氧化铋来打造珠光效果。氧化铋用于制造黄色颜料。碳酸铋有时被用来治疗消化不良。

## 放射性简要指南

在稳定的原子核中，有足够的力把质子和中子结合在一起。然而，在不稳定的原子（特别是铀等重原子）中，这种力不够强大，所以原子核释放能量和粒子，我们将这样的过程称之为"放射性衰变"。注意，一些通常稳定的元素也存在放射性同位素。

"放射性"一词描述的是粒子的发射过程：原子将逐渐衰变，直至这些粒子稳定下来。例如，铀238经过18次衰变，形成钍、镭、氡和钋原子，最后成为铅206的稳定原子。因为单个原子衰变的时间无法计算，因此一般使用"半衰期"的概念——半衰期指某种指定的同位素中半数原子核发生衰变所需的平均时间。

过去人们认为铋不具有放射性。事实上，它的放射性只是非常轻微，所以不易被我们发现。2003年，法国的一组研究人员检测到铋209（铋的唯一天然同位素）衰变产生了α粒子。由于它的半衰期为$2 \times 10^{19}$年，只有极少数物质比它的半衰期更长，因此跟周期表中的大多数物质相比，它的放射性一点也不用担心。

# 放射性谋杀——钋

<table>
<tr><td>84</td></tr>
<tr><td>**Po**</td></tr>
<tr><td>209.0</td></tr>
<tr><td>钋</td></tr>
<tr><td>polonium</td></tr>
</table>

| | | |
|---|---|---|
| 原子序数：84 | 类型：准金属 | 沸点：962 ℃（1 764 ℉） |
| 发现时间：1898年 | 颜色：银灰色 | 熔点：254 ℃（489 ℉） |

虽然玛丽·居里没有发现放射性物质（1895年威廉·伦琴发现了X射线，1896年居里的同事亨利·贝克勒尔发现了铀辐射），但是她创造了"放射"这个词，并与她的丈夫皮埃尔一起做了大量的研究工作，帮助人们理解这一现象。

提取钋是一项棘手的工作。当时，居里和皮埃尔正在勘探放射性矿石沥青铀矿，这种矿石中含有铀，但似乎表现出比铀更强的放射性。之后，他们设法清除了铀，并筛选了成吨的剩余碎石，最终找到了金属碎屑——钋（polonium，取自玛丽·居里的祖国波兰，即Poland）。

钋是非常罕见的金属，用居里的方法提取它的成本太高。后来，科学家发明了别的方法——用中子轰击铋209，产生铋210，然后衰变形成钋。高温下钋的导电率会下降——这种性质让它更像是金属而非准金属，同时这意味着钋可以消除某些工业过程中的静电。

钋的半衰期很短，并在衰变过程中会产生大量热量。基于这一特性，钋可用在卫星和月球车上产生热电，例如俄罗斯的"月球车"在探测月球表面时就曾用到钋。

### 钋谋杀

2006年，俄罗斯前特工亚历山大·利特维年科就是被人用少量的钋谋杀的。钋发射的微粒子（含有质子和中子）是微弱的穿透物，所以用一个小容器携带钋是相对安全的，但钋被摄入人体内，其放射性就会变得非常危险，因为它会攻击人体内的细胞，这也是利特维年科当年不幸死亡的原因。

# 砹和不回国的科学家

| 85 |
| :---: |
| **At** |
| 210.0 |
| 砹 |
| astatine |

原子序数：85　　　　类型：卤素　　　　沸点：337 ℃（639 ℉）

发现时间：1940年　　颜色：未知　　　　熔点：302 ℃（576 ℉）

　　1937年，埃米利奥·西格尔和其他人一起共同发现了第一个"人造"元素——锝。然后，他在伯克利度过了第二年的夏天。当意大利通过了禁止他成为教授的反犹太主义法律时，他选择留在了伯克利，最终在那里使用粒子加速器发现了另一种新元素——砹（astatine，取自希腊语astatos，是"不稳定"的意思）。

　　砹只在复杂的放射过程中自然生成。砹有10种高放射性同位素，它们的半衰期都不超过8小时。西格尔和戴尔·科尔森用粒子轰击铋209，生成了少量（几乎看不见）的砹211。砹是一种卤族元素，很可能具有与其他卤素类似的性质。

　　西格尔接着投入了曼哈顿项目，从那以后就几乎停止了对砹的研究。另外，人们认为砹可以用来治疗某种癌症。放射性同位素碘131已经被用于治疗癌症，但是碘131的缺点是会发射β粒子（高能电子），这会损害肿瘤外的其他组织。砹211是一种半衰期很短的α发射体，所以它在未来可能会成为放射治疗的更优选择。

# 让人担心的气体—氡

| 86 |
| :-- |
| **Rn** |
| 222.0 |
| 氡 |
| radon |

---

原子序数：86　　　类型：惰性气体　　　沸点：-62 ℃（-79 ℉）

发现时间：1900年　　颜色：无色　　　　熔点：-71 ℃（-96 ℉）

　　氡这种元素，可能会让你听了有点惊慌：这是一种从地面上不断渗出的无色、无臭的放射性气体，它还常大量积聚在通风不良的地下室（尤其是花岗岩建筑）中。氡是周期表右下角的两种放射性惰性气体中的第一种。它是由土壤中少量铀的衰变形成的，以这种方式形成的元素还有镭、钍和锕。但氡的半衰期很短，可迅速衰变为钋，然后变为铋，最后变为铅。

　　氡还可以通过在一片镭上放置一个玻璃罐的方式来收集。德国化学家弗里德里希·欧内斯特·多恩最初将其描述为"放射镭"，欧内斯特·卢瑟福和威廉·拉姆齐随后就"谁是元素的真正发现者"展开了一场激烈的争论。

氡是放射性气体，与空气一道被人吸入体内后，衰变产生的α粒子可对人的呼吸系统造成辐射损伤，引发肺癌。建筑材料是室内氡的最主要来源。但是氡的半衰期很短，这意味着聚集在建筑物中的氡会逐渐消失。如果你担心室内装修存在氡污染，可以使用一些具有高效过滤装置的空气净化器。

| 87 |
| :---: |
| **Fr** |
| 223.0 |
| 钫 |
| francium |

# 性质例外的钫

原子序数：87　　　　类型：碱金属　　　　沸点：680 ℃（1 256 °F）

发现时间：1939年　　　颜色：未知　　　　熔点：27 ℃（80 °F）

1929年，也就是玛丽·居里去世前的第5年，由于受到辐射影响，她的身体状态很差。于是她雇用了一名实验室助理——玛格丽特·凯瑟琳·佩里。这位才华横溢的新助理在1939年发现了元素——钫（以法国命名），并成了法国科学院第一位女性院士。

当一个粒子失去一个α粒子时，它的原子序数下降2；当它发射一个β粒子时，其原子序数上升1。人工制造放射性元素时，诀窍就是考虑其他元素可能的衰变途径。就拿发现钫来说，佩里当时净化了一份含放射性杂质锕（原子序数89）的样品，却意外得到了另一种具有放射性的残留物，后来被证实这就是新元素——钫。

**高速电子** •————————

我们已经看到，其他碱金属（锂、钠、钾、铷和铯）会按照周期表从上至下的顺序变得越来越活泼。钫是一个例外：随着原子序数的增加，下方元素的质子数增多，电子移动的速度也越来越快——不可思议地几乎达到光速。根据相对论，这些高速运动的电子，体积会比低速时更小一些，同时更加紧密地围绕在原子核附近，不容易得到或失去。这就导致钫的化学性质比铯稳定（当然，你不会想把它们中的任何一块掉到浴缸里，因为这会非常危险）。

大多数锕通过发射一个β粒子而衰变成钍（原子序数为90），失去一个α粒子则变成原子序数为88的镭；然而，一小部分的锕失去了一个α粒子后，会变成原子序数为87的钫。因为钫的半衰期很短，所以它在大自然中非常罕见。

# 黑夜中发光的镭

| 88 |
| **Ra** |
| 226.0 |
| 镭 |
| radium |

---

原子序数: 88　　　类型: 碱土金属　　　沸点: 1 737 ℃（3 159 ℉）

发现时间: 1898年　　　颜色: 白色　　　熔点: 700 ℃（1 292 ℉）

　　当居里夫妇在沥青铀矿中发现钋时，他们也发现了镭（因其在黑暗中发光的特性而得名）。1911年，玛丽·居里和她的同事安德烈·德贝恩一起，继续用汞阴极电解氯化镭来分离金属镭。

### 放射性食谱

　　镭，可能就是杀死玛丽·居里的"元凶"（她死于再生障碍性贫血）。在她发现镭的那段时间里，她喜欢在夜里去实验室，并认真观察试管里童话般的光亮。她留下的笔记本和文件，被保存在铅盒子里，为了保证安全，实验人员必须戴上防辐射装置才能查看。甚至她厨房里的食谱也被证明具有极强的放射性，可能是因为当时她用手拿过。

　　铀矿石中存在少量的天然镭。作为一种高放射性元素，镭之前有一些医学用途——特别是在早期癌症治疗中，但现在大多被其他元素替代了，只有镭223有时仍会被用来治疗扩散到骨骼的前列腺癌。

　　早在20世纪初，镭就被少量用于发光涂料（如钟表表盘的涂料）中。20世纪20年代，发生了一起跟镭有关的著名案件。在美国镭工厂工作的5名年轻女性，先后患上肿瘤——因为她们在工作中会使用含镭的油漆，但没有得到安全指导。除了用手接触油漆外，有些人还需要用舌头把油漆刷的顶端舔得更尖一些，从而吃进少量油漆。她们虽然赢了这个案子，但都在几年内不幸去世了。之后镭不再用于发光涂料，部分原因就是这次案件的胜诉，以及她们在起诉过程中表现出的勇气。

# "锕系元素"大家族之锕

---

原子序数：89　　　　类型：锕系元素　　　　沸点：3 108 ℃（5 788 °F）

发现时间：1899年　　　颜色：银色　　　　　熔点：1 050 ℃（1 922 °F）

与镧系元素一样，锕系元素也是一系列元素（从89号元素锕到103号元素铹）的总称，以周期表外的条带形式显示。然而，锕系元素的性质更加多样，其中一些元素（尤其是铀）非常重要，所以在这里会更详细地介绍前几个锕系元素（从89号到94号元素），以便让我们对人工元素领域进行更深入的了解。

锕系元素之间的共同性质有：是柔软、致密的银质金属，在空气中会失去光泽，可能发生自燃（特别是粉末状），可与热水反应并释放出氢气，所有同位素都具有放射性。

玛丽·居里的朋友安德烈·德贝恩，用跟发现镭时同样的方法发现了锕。锕可以从铀矿中采集，而这些铀矿石常常发出诡异的蓝光，很大程度上取决于其中锕的含量。铀矿中的锕含量很少，因此当研究需要时（比如在一些放射性烟雾探测器和实验性放射治疗中），会采用中子轰击镭226的方式得到锕。

# "锕系元素"大家族之钍

```
90
Th
232.0
钍
thorium
```

| | | |
|---|---|---|
| 原子序数：90 | 类型：锕系元素 | 沸点：4 788 ℃（8 650 °F） |
| 发现时间：1829年 | 颜色：银色 | 熔点：1 842 ℃（3 348 °F） |

　　许多城市曾经使用放射性元素来照明：二氧化钍是所有氧化物中熔点最高的，因此二氧化钍于19世纪末和20世纪初被用于煤气灯中。在燃烧气体的热量下，二氧化钍没有融化，而是发出明亮的白光。幸运的是，钍不像某些锕系元素那样具有强放射性，它会发射α粒子，而α粒子不会穿透玻璃或人体皮肤，因此这是一种只是听上去很安全的照明方法。事实上，钍目前仍然在一些野营装备中使用，尽管你常发现有的品牌特别地贴上了"不含钍"的标签！

　　钍的数量相对丰富——在地壳中它的含量是铀的3倍。这是因为，虽然钍是各种放射性衰变链的一部分，但它的天然同位素钍232的半衰期比地球的年龄还要长。

1828年，雅各布·贝泽利乌斯发现了钍，并以维金雷神（Thor）来命名。当然，他并不知道该元素具有放射性——当时还没有放射性这个概念。核反应堆中，有时会用钍来替代铀。由于钍和铀并不总是在同一个地方被发现，一些国家正在努力建造他们的钍反应堆。例如，印度的东海岸富含独居石（一种钍源），该地区一直在开发新技术，设法在未来可以更有效地利用钍。

# "锕系元素"大家族之镤

91
**Pa**
231.0
镤
protactinium

---

原子序数：91　　　类型：锕系元素　　　沸点：4 027 ℃（7 280 °F）

发现时间：1913年　　颜色：银色　　　　熔点：1 568 ℃（2 854 °F）

镤从发现到现在，曾经有过几个不同的名称。1900年，英国科学家威廉·克鲁克斯注意到一些铀矿石中含有一种未知的放射性物质：他称之为铀X。1913年，波兰化学家卡西米尔·法詹斯分离出了同位素镤234，由于镤的半衰期约为1分钟，他将其命名为"brevium"（在拉丁语中是"短暂"的意思）。

后来德国物理学家里斯·梅特纳分离出另一种同位素镤231，研究发现其半衰期为33 000年，法詹斯建议重新命名这个元素。梅特纳称之为"protoactinium"（proto源于希腊语，是"之前"的意思），因为镤在衰变时会失去一个α粒子形成锕。但是这个单词发音有点困难，所以最终被缩短为"protactinium"。

由于镤很难提炼，所以这种稀缺元素的实际应用很少。通过分析镤231和钍230的比例，可以用来重建海洋中水体的运动，因为海水中铀粒子的衰变，两者都以很小的数量存在。由于钍的衰变速度比镤快，因此研究人员可以利用两者之间的比例来模拟水循环。

# "锕系元素" 大家族之铀

| 92 |
|---|
| **U** |
| 238.0 |
| 铀 |
| uranium |

原子序数：92　　　类型：锕系元素　　　沸点：4 131 ℃（7 468 ℉）

发现时间：1789年　　颜色：银灰色　　　　熔点：1 132 ℃（2 070 ℉）

　　前面介绍过，从铀矿中可以提取好几种放射性元素。其实早在中世纪，银矿工人就偶尔会挖掘出一种黑色或棕色的矿物。1789年，马丁·克劳普思对其进行研究，之后制造出一种黄色化合物，他准确地预测到其中含有一种新元素，并以天王星（planet Uranus）来命名。后来，法国化学家尤金·佩利戈成功分离出金属铀。直到1896年，人们才知道铀具有放射性——当时亨利·贝克勒尔把一个样本放在照相底片上，然后底片变得模糊，这表明这个样本发出了某种射线。

　　地球上的铀大部分为铀238（约99%），还有少量的铀235和其他同位素。铀的半衰期很长，这就是它能被大量使用的原因。矿物的放射性衰变是地球内部一个重要的热源，可以引发火山喷发等。铀也在估测行星的年龄方面发挥了重要作用——在超新星中，铀235与铀238的形成比例约为8:5。将它们的原始数量与流动比例进行比较（并考虑到各自的半衰期），我们可以估测出地球的年龄。

铀是唯一能在核反应堆中用作燃料的天然元素。它也被用来驱动核潜艇和制造核武器（与钚一起），依靠铀原子在爆炸中分裂（核裂变）或融合在一起（核聚变）的过程，释放出巨大能量和辐射。

# "锕系元素"大家族之镎

| 93 |
| :---: |
| **NP** |
| 237.0 |
| 镎 |
| neptunium |

---

| 原子序数：93 | 类型：锕系元素 | 沸点：4 000 ℃（7 232 °F） |
| --- | --- | --- |
| 发现时间：1940年 | 颜色：银色 | 熔点：637 ℃（1 179 °F） |

意大利裔美国物理学家恩里科·费米试图用中子轰击钍和铀来创造93号和94号元素。他以为自己成功了，但后来证明，他只是无意中发现了核裂变——所生成的是原始元素的裂变产物。费米后来致力于研究曼哈顿项目，并建造了世界上第一座核反应堆——"芝加哥1号"堆。

1940年，伯克利的埃德温·麦克米兰和菲利普·亚伯森使用费米的方法成功地创造了93号元素，并以海王星（planet Neptune）为其命名，因为海王星在太阳系中紧挨着天王星。镎是目前在地球上最后一种被发现的天然元素，微量存在于铀矿石中。在许多房屋中，也存在少量的镎。因为一些烟雾探测器中含有少量的放射性元素镅，而镅衰变可形成镎。

# "锕系元素"大家族之钚

| 94 |
|---|
| **Pu** |
| 244.1 |
| 钚 |
| plutonium |

原子序数: 94　　　　类型: 锕系元素　　　沸点: 3 228 ℃ (5 482 ℉)

发现时间: 1940年　　　颜色: 银白色　　　　熔点: 639 ℃ (1 183 ℉)

　　钚和镎是同一年在伯克利被发现的: 钚被合成, 然后衰变, 失去一个β粒子形成钚239 (反过来衰变形成铀235)。钚以冥王星 (Pluto) 命名, 因为在它之前的两个元素也以行星命名。

　　钚是一种非常有趣的金属——在室温下是易碎的, 但如果对其加热或与镓形成合金, 它的延展性和可塑性会增强。钚与钴和镓合金化可以制造出一种低温下的超导体,但是这不会持续很长时间, 因为钚会迅速衰变, 破坏过程中的材料结构。钚238还被用来制造一种老式起搏器的热电发生器。钚在衰变中的发热能力, 已经被科学家用于研制航天探测器 (如勘测土星的"卡西尼号") 的动力源。

### 钚的恶作剧

在第二次世界大战的原子弹计划中，合成钚的科学研究小组是由格伦·西布鲁克领导的，他是一个有着幽默感的古怪男人。在短期内，原子弹项目是最高机密，因此研究人员专门给钚取了代号"铜"（当时铜被认为是"老老实实"的元素）。

战争结束后，西布鲁克得到给该元素改名的指示，他在取名字缩写时没有直接用"pl"，而是用了"pu"。他只是觉得用"pee-yu（尿你）"来命名会很有趣——这是一句小孩子在遇到倒霉的事情时会说的口头禅。西布鲁克的笑话得到了命名委员会的批准，这个元素符号便一直保存在元素周期表中。

当然，钚最出名的一点是，它是用来驱动核武器的元素之一——"小男孩"（广岛上使用的炸弹）是一种铀武器，而"胖子"（后来摧毁长崎）是一种威力更加可怕的钚武器。

# "人工元素"家族

铸是最后一种天然元素，而在超新星（通过照射铀）中产生的钚，在人类历史上发挥了非常重要的作用。从这些来看，人工元素变得愈发神秘——它们只能在世界上少数高科技实验室里，通过用粒子轰击其他元素的方式形成，而且它们都高度不稳定，会迅速衰变为铀和其他元素。所以，这里只介绍一些它们的基本性质（括号里有标明元素符号和原子序数），不再进行大篇幅的详细说明。

镅

镅（Am，95），曾存在于地球上，是在加蓬下面的天然核反应形成的，但它最"长寿"的同位素（Am247）的半衰期为7 370年，这意味着天然镅已经全部衰变。1944年，由格伦·西博格领导的一支团队在芝加哥大学首次造出了人工镅元素。

锔

锔（Cm，96），以居里夫妇的名字命名。1944年的早些时候，格伦·西博格领导的团队在伯克利发现了锔元素。1945年11月，西博格在一个儿童广播节目上，宣布了这一消息。锔现在常被用作太空任务的动力源。

**锫**

锫（Bk，97），是科学家于1949年在伯克利的实验室，用氦粒子轰击镅241得到的，他们花了整整9年的时间，才制得了用肉眼能看到的少量锫。因此锫以伯克利命名。

**锎**

锎（Cf，98），模仿了锫的制取方法，科学家们通过氦粒子轰击锔原子来生成。锎被应用于探测黄矿和银矿，以及检测飞机金属疲劳。

**锿和镄**

锿（Es，99）和镄（Fm，100），是在比基尼环礁核试验（发生于1952年11月）产生的辐射性微尘中被发现的。这两种元素最初都是保密的，直到1955年才被宣布为新元素。原子序数高于100的元素称为"超镄元素"。

**钔**

钔（Md，101），是以元素周期表的创建者——门捷列夫的名字命名的。科学家第一次在伯克利实验室的回旋加速器中创造出钔时，只产生了17个原子。像大多数较重的元素一样，钔目前只用于科学研究。

**锘**

锘（No，102），这一元素引起了科学界的争论。1956年，莫斯科原子能研究所的科学家制得了锘，但没有宣布。之后，斯德哥尔摩诺贝尔研究所（锘因此得名）的科学家也成功制得该元素。之后，这两家研究所就"谁才是真正的发现者"这一问题展开了数年的争论。

**铹，𬬻，𬭛**

铹（Lr, 103），𬬻（Rf, 104），𬭛（Db, 105）——俄罗斯和美国的研究小组一直为谁发现了这3种元素而争论不休。103号元素铹是以发明回旋加速器的欧内斯特·劳伦斯的名字命名的。1964年，俄国人首先用氖轰击钚，制造出了104号元素𬬻（以物理学家欧内斯特·卢瑟福的名字命名）。科学家用类似的方法发现了105号元素——俄国人称之为neilsbohrium，而美国人称之为hahnium。国际原子能机构最终裁定，该元素以俄罗斯联合核研究所所在地杜布纳（Dubna）的名字命名为dubnium（𬭛）。铹是最后一种锕系元素，原子序数为104及以上的元素可称为超锕系元素或超重元素。

**𬭳**

𬭳（Sg, 106），以格伦·西博格的名字命名。科学家于1970年通过用氧轰击锎的方式首次制得𬭳，1974年通过用铬轰击铅的方式再次成功制取了𬭳——不过，两次实验加起来也仅仅产生了少量的𬭳原子。

**𬭴，𬭶，𬭸，𫟼，𬬭，镯**

𬭳（Bh, 107）可能是俄罗斯联合核研究所在1975年首次制得的，但是德国核研究所首次观测到了它的生成过程（Geselleschaft für Schwerionenforschung或GSI）。当时采用的方法是用铬轰击冷熔合过程（表示在室温或接近室温条件下）中的铋。这个研究小组还制取了第一批微量的𬭎（Hs，108）、𬭳（Mt，109）、𫟼（Ds，110）、𬬭（Rg，111）和鎶（Cn，112）。

钦

𫭼（Nh，113）是日本物理和化学研究所在2004年制得的，直到今天还是很少有人知道这种元素。

**𫓧，镆，𬭊，鿬，鿫**

𫓧（Fl，114），镆（Mc，115），𬭊（Lv，116），鿬（Ts，117），鿫（Og，118，）——这最后5种元素都是由俄罗斯联合核研究所的尤里·奥加尼森（其中鿫就是以他的名字命名的）和他的团队创造的。其中，鿬是118个元素中最后一个（于2010年）合成的。所有这些元素都是高度不稳定的，且合成量非常少，所以人们对它们的了解相对较少。

# 后记
## Postscript

### 关于宇宙的未来

如果你是《星际迷航》的粉丝，你可能会知道双锂——一种为未来宇宙飞船提供动力的晶体元素（原子序数为119），它是在木星的卫星上或南极的陨石上发现的（这取决于你看的是哪一集）。当然，这些情节是编剧编造的（《蝙蝠侠》中关于206号元素batmanium的情节也是编剧编造的）。但实际上，科学家的确正在寻找真正的119号元素和其他超重元素。

创造这些元素是非常困难的，因为需要用粒子去轰击原子，可能要花好几年的时间，才能得到几种新元素的极少量的原子，而且这些原子非常不稳定，会迅速衰变。日本日根团队和位于美国田纳西州的橡树岭国家实验室合作，他们相信可以用钒离子轰击锔的方法得到新元素。俄罗斯的尤里·奥加纳研究小组正在计划尝试用钛离子来轰击锫。

卡尔·萨根曾经说过，"我们是由恒星物质构成的"，他说出了一个众人都在寻找答案的问题，即"所有元素是如何在大爆炸或恒星和超新星的核反应中产生的，然后在太空中旋转、聚集到一起的，最终形成了地球上的万物——无论是有机的还是无机的，包括我们身体中的每一个分子"。

在1669年以前，人类只发现了12种元素；到18世纪末，人类已经发现了34种元素；门捷列夫的周期表，包括了当时已知的62种元素。现在已知元素的种类达到118个——包括地球上所有的天然元素，但是我们仍然不会满足，并将把人类的科学探索之路走得更远，一直延伸到浩瀚的宇宙中去。